# Docker与Kubernetes
# 容器虚拟化技术与应用

倪振松 刘宏嘉 陈建平 主 编
谢岳富 副主编

清华大学出版社
北京

## 内容简介

Docker 是目前流行的容器平台。作为开发、发布和运行应用程序的开放平台，Docker 为快速发布、测试和部署应用程序提供了一整套技术和方法。

本书主要围绕容器生态体系中的核心组件 Docker 和 Kubernetes 展开，介绍了容器的组成及相关概念、容器系统架构和运行原理，重点剖析了 Docker 和 Kubernetes 两大工具的核心概念、组成和工作原理，通过大量的课堂案例和实验，使学生能够快速掌握利用 Docker 完成容器的部署。另外，本书还赠送教学 PPT 课件和教学微大纲。

本书适合容器虚拟化技术的初学者，对容器技术感兴趣的技术人员，以及想从事物联网工作的读者。本书还可作为容器虚拟化技术基础用书，以及中职、高职、应用型本科专业的教材。

本书封面贴有清华大学出版社防伪标签，无标签者不得销售。

版权所有，侵权必究。举报：010-62782989，beiqinquan@tup.tsinghua.edu.cn。

**图书在版编目（CIP）数据**

Docker 与 Kubernetes 容器虚拟化技术与应用 / 倪振松，刘宏嘉，陈建平主编. —北京：清华大学出版社，2022.11

ISBN 978-7-302-61704-4

Ⅰ．①D… Ⅱ．①倪… ②刘… ③陈… Ⅲ．①Linux 操作系统—程序设计 Ⅳ．①TP316.85

中国版本图书馆 CIP 数据核字（2022）第 156995 号

责任编辑：张　敏
封面设计：郭二鹏
责任校对：徐俊伟
责任印制：丛怀宇

出版发行：清华大学出版社
网　　址：http://www.tup.com.cn, http://www.wqbook.com
地　　址：北京清华大学学研大厦 A 座　　邮　编：100084
社　总　机：010-83470000　　邮　购：010-62786544
投稿与读者服务：010-62776969, c-service@tup.tsinghua.edu.cn
质　量　反　馈：010-62772015, zhiliang@tup.tsinghua.edu.cn
课　件　下　载：http://www.tup.com.cn, 010-83470236

印　装　者：天津安泰印刷有限公司
经　　销：全国新华书店
开　　本：185mm×260mm　　印　张：13.5　　字　数：297 千字
版　　次：2022 年 12 月第 1 版　　印　次：2022 年 12 月第 1 次印刷
定　　价：69.80 元

产品编号：097655-01

# 前言

在计算机的世界中,容器拥有一段漫长且传奇的历史。容器与管理程序虚拟化(Hypervisor Virtualization, HV)有所不同,管理程序是通过虚拟化中间层将一台或者多台独立的机器虚拟运行在物理硬件之上,而容器则是直接运行在操作系统内核之上的用户空间。因此,容器虚拟化也被称为"操作系统级虚拟化",容器技术可以让多个独立的用户空间运行在同一台宿主机上。

目前容器技术已经引入了 OpenVZ、Solaris Zones 及 Linux 容器(LXC)。使用这些新技术,容器不仅仅是一个单纯的运行环境。在它的权限内,容器更像是一个完整的宿主机。对 Docker 来说,它得益于现代 Linux 特性,如控件组(Control Group)和命名空间(Namespace)技术,容器和宿主机之间的隔离更加彻底,容器有独立的网络和存储栈,还拥有自己的资源管理能力,使得同一台宿主机中的多个容器可以友好地共存。

容器被认为是一种精益技术,因为容器需要的开销有限。与传统虚拟化和半虚拟化相比,容器不需要模拟层(Emulation Layer)和管理层(Hypervisor Layer),而是使用操作系统的系统调用接口,降低了运行单个容器所需的开销,也使得宿主机中可以运行更多的容器。

尽管容器拥有光辉的历史,但仍未得到广泛认可,其中一个很重要的原因就是容器技术的复杂性。容器本身就比较复杂,不易安装,管理和自动化也很困难,而 Docker 就是为了改变这一切而生的。

## 关于本书

如今,Docker 从基础的操作系统、网络、存储设施的管理到应用程序的开发、测试和部署,越来越多的企业和 IT 人员开始融入 Docker 的相关领域中。相关行业对 Docker 技术人才提出了迫切的需求,尤其是熟练掌握 Docker 技术的高级应用型人才。

本书主要围绕容器生态体系中的核心组件 Docker 和 Kubernetes 展开。介绍了容器的组成及相关概念、容器系统架构和运行原理,重点剖析了 Docker 和 Kubernetes 两大工具的核心概念、组成和工作原理,通过大量的课堂案例和实验,深入浅出地讲解了每个知识点,通俗易懂。书中的每个案例基本都是按照读者学习的习惯,分步骤讲述,每个步骤都配有文字说明和效果截图,读者能清晰地知晓自己动手实操过程中的效果和错误之处,一目了然,达到帮助读者快速掌握利用 Docker 完成容器部署的方法。

本书共分为 9 章,第 1 章着重介绍容器虚拟化和 Docker 的由来,以及未来的应用场景和虚拟机的安装;第 2 章着重介绍虚拟化技术和 Docker 之间的联系,以及 Docker 技术架构和技术原理;第 3 章着重介绍 Docker 进阶知识的使用和管理;第 4 章着重介绍 Docker 容器云、容器的编排和部署,以及相关工具的使用;第 5 章着重介绍 Docker 与微服务之间的关系,如何实现服务 Docker 化；第 6 章着重介绍 Kubernetes 架构原理和核心概念；第 7 章着重介绍 Kubernetes 集群部署、Kubernetes 基础知识和命令行的使用，并深入讲解了 Pod 和 Server 运行机制；第 8 章着重介绍 Kubernetes 核心思想、安全机制、分布式网络原理、存储原理等；第 9 章着重介绍 Kubernetes 开发与运维的实战部分，如基于 Kubernetes API 的二次开发、源码分析、故障排除等知识。

本书主要围绕 Docker 和 Kubernetes 两大类来讲解，对其相关原理、概念、图表等方式进行详细解析。此外，注重动手实践，通俗易懂地为读者进行示范。需要注意的是，由于 Docker 版本不断更新，如果读者的实验环境与本书不一致，在参照本书步骤的操作时，返回的结果可能会存在一些差异。

## 本书适合的读者

本书是容器虚拟化技术基础用书，适合作为中职、高职、应用型本科相关专业的前导课程，在整个人才培养方案中属于物联网的专业基础课程部分，建议授课时间为第 2 学期或者第 3 学期。

同时，本书也适合容器虚拟化技术的初学者，对容器技术感兴趣的技术人员，以及想从事物联网工作的读者。

阅读本书之前，读者应该具有以下基础：有一定的计算机网络基础知识；了解 Linux 基本原理；懂得基本的 Linux 操作命令；对容器有一定的了解。

## 本书资源

本书赠送教学大纲、教学 PPT 课件、实验手册、习题和试卷、授课视频，读者可扫描下方二维码下载获取。

教学大纲

教学 PPT 课件

实验手册

习题和试卷

授课视频

由于笔者能力有限，书中难免存在不足之处，恳请广大读者提出宝贵意见。

# 目录

第1章 容器虚拟化概述 ········································································· 1
  1.1 容器的发展历史和应用场景 ························································· 1
    1.1.1 虚拟化技术与容器技术的区别及其联系 ································ 1
    1.1.2 容器虚拟化应用场景 ···················································· 2
  1.2 从容器到 Docker ······································································· 3
    1.2.1 Docker的由来 ·························································· 3
    1.2.2 容器的标准化 ···························································· 4
    1.2.3 Docker的开源项目moby ·············································· 6
  1.3 容器虚拟化与 Docker ································································· 6
    1.3.1 容器虚拟化技术 ························································ 6
    1.3.2 容器造就了Docker ····················································· 7
    1.3.3 Docker的概念 ·························································· 8
    1.3.4 为什么使用Docker ····················································· 9
  1.4 从 Docker 到 Kubernetes ·························································· 10
    1.4.1 Kubernetes的由来 ···················································· 10
    1.4.2 Kubernetes的功能 ···················································· 11
  1.5 安装 VMware ········································································ 12

第2章 Docker 架构与原理 ································································ 18
  2.1 技术架构 ············································································· 18
    2.1.1 Docker技术构成 ······················································ 18
    2.1.2 Docker核心技术 ······················································ 19
    2.1.3 Docker打包原理 ······················································ 19
    2.1.4 Docker网络模式 ······················································ 20
  2.2 技术原理 ············································································· 21
    2.2.1 镜像 ······································································ 21
    2.2.2 容器 ······································································ 23
    2.2.3 数据卷 ··································································· 23

  2.2.4 仓库 ········································································· 23

 2.3 安装说明 ··········································································· 23

  2.3.1 Docker应用场景 ···················································· 23

  2.3.2 Docker生态圈 ························································ 24

  2.3.3 安装Docker ···························································· 25

  2.3.4 搭建Web服务器 ···················································· 26

 2.4 基础命令 ··········································································· 27

第 3 章 Docker 应用进阶 ······················································ 32

 3.1 容器镜像实践 ··································································· 32

 3.2 容器互联实践 ··································································· 35

  3.2.1 容器互联 ································································· 35

  3.2.2 运行一个交互器 ···················································· 35

  3.2.3 运行一个后台进程容器 ········································ 37

  3.2.4 映射数据卷到容器 ················································ 38

 3.3 容器网络实践 ··································································· 40

  3.3.1 Docker网络 ····························································· 40

  3.3.2 网络连接容量 ························································· 42

  3.3.3 检查网络是否连接容器 ········································ 44

  3.3.4 创建自己的局域网 ················································ 45

 3.4 Docker 图形化管理及监控 ············································· 47

  3.4.1 Docker常用的可视化（图形化）管理工具 ········ 47

  3.4.2 Linux常用的监控工具 ·········································· 49

第 4 章 Docker 容器云 ···························································· 51

 4.1 构建容器云 ······································································· 51

  4.1.1 云平台的层次架构 ················································ 51

  4.1.2 构建容器云的思路与步骤 ···································· 52

 4.2 容器的编排与部署 ··························································· 54

  4.2.1 Compose的原理 ····················································· 54

  4.2.2 Fleet的原理 ····························································· 56

 4.3 跨平台宿主环境管理工具 Machine ······························ 57

  4.3.1 Machine与虚拟机软件 ········································· 57

  4.3.2 Machine与IaaS平台 ············································· 57

  4.3.3 Machine示例 ·························································· 57

 4.4 集群抽象工具 Swarm ······················································ 60

        4.4.1 Swarm概述 60
        4.4.2 Swarm集群的多种创建方式 61
        4.4.3 Swarm对请求的处理 61
        4.4.4 Swarm集群的调度策略 61
        4.4.5 Swarm集群高可用（HA） 62
    4.5 Flynn 与 Deis 62
        4.5.1 容器云的基础设施层 62
        4.5.2 容器云的功能框架层 64
        4.5.3 Flynn体系架构与实现原理 64
        4.5.4 Deis的原理与使用 65
        4.5.5 Deis与Flynn的比较 66
    4.6 容器云示例 67
        4.6.1 Hadoop简介 67
        4.6.2 基于Docker搭建Hadoop集群 68

第 5 章 Docker 与微服务 71
    5.1 微服务概述 71
        5.1.1 什么是微服务 71
        5.1.2 微服务架构 73
        5.1.3 微服务的优缺点 77
    5.2 服务容器化 78
    5.3 微服务的创建与部署 81
        5.3.1 DevOps 81
        5.3.2 Service Mesh 84
        5.3.3 Istio 89
    5.4 迁移到微服务 94

第 6 章 Kubernetes 架构解析 96
    6.1 Kubernetes 基础简介 96
        6.1.1 什么是Kubernetes 96
        6.1.2 Kubernetes基础知识 97
    6.2 Kubernetes 的核心概念 98
    6.3 Kubernetes 配置文件解析 102

第 7 章 Kubernetes 集群部署 108
    7.1 Kubernetes 的安装与配置 108

7.1.1 系统环境要求和先决条件 …… 108
7.1.2 使用Kubeadm工具快速安装Kubernetes集群 …… 113
7.1.3 以二进制文件方式安装Kubernetes集群 …… 121
7.1.4 Kubernetes集群的安全设置 …… 136
7.1.5 Kubernetes集群的网络配置 …… 137
7.1.6 Kubernetes核心服务配置详解 …… 137

7.2 Kubernetes 命令行工具 …… 139
7.2.1 kubectl用法介绍 …… 139
7.2.2 kubectl子命令详解 …… 140
7.2.3 kubectl输出格式 …… 142
7.2.4 kubectl操作示例 …… 142

7.3 深入理解 Pod …… 146
7.3.1 Pod介绍 …… 146
7.3.2 Pod的基本用法和静态Pod …… 148
7.3.3 Pod容器共享Volume和Pod的配置管理 …… 148
7.3.4 在容器内获取Pod信息 …… 149
7.3.5 Pod生命周期和重启策略 …… 150
7.3.6 Pod健康检查和Pod调度 …… 150
7.3.7 Init Container …… 158
7.3.8 Pod的升级和回滚 …… 158
7.3.9 Pod的扩容和缩容 …… 158

7.4 深入理解 Service …… 159
7.4.1 Service介绍 …… 159
7.4.2 Service基本用法 …… 159
7.4.3 Headless Service …… 160
7.4.4 集群外部访问Pod或Service …… 160
7.4.5 DNS服务搭建指南 …… 162
7.4.6 自定义DNS与上游DNS服务器 …… 163
7.4.7 Ingress：HTTP 7层路由机制 …… 163

## 第8章 Kubernetes 核心原理 …… 165

8.1 Kubernetes API Server 原理分析 …… 165
8.1.1 Kubernetes API Server介绍 …… 165
8.1.2 独特的Kubernetes Proxy API接口 …… 166
8.1.3 集群功能模块之间的通信 …… 166

|   |   | 8.1.4 | Controller Manager原理分析 | 167 |

## 8.2 Scheduler 原理和 Kubelet 运行机制分析 … 171
    8.2.1 Scheduler原理分析 … 171
    8.2.2 节点管理 … 172
    8.2.3 Pod管理 … 172
    8.2.4 容器健康检查 … 172
    8.2.5 Cadvisor资源监控 … 173

## 8.3 集群安全机制 … 173
    8.3.1 API Server认证管理 … 173
    8.3.2 API Server授权管理 … 174
    8.3.3 Admission Control（准入控制）… 176
    8.3.4 Service Account … 177
    8.3.5 Secret私密凭据 … 177

## 8.4 分布式网络原理 … 177
    8.4.1 Kubernetes网络模型 … 177
    8.4.2 Docker的网络实现 … 178
    8.4.3 Kubernetes的网络实现 … 179
    8.4.4 CNI网络模型 … 179
    8.4.5 Kubernetes网络策略 … 180
    8.4.6 开源的网络组件 … 181
    8.4.7 负载均衡和网络路由 … 182

## 8.5 存储原理 … 183
    8.5.1 共享存储机制介绍 … 183
    8.5.2 PVC介绍 … 183
    8.5.3 PV和PVC的生命周期 … 185
    8.5.4 StorageClass详解 … 186
    8.5.5 GlusterFS动态存储管理实战 … 187

# 第 9 章 Kubernetes 开发与运维 … 189
## 9.1 Kubernetes API 和源码分析 … 189
    9.1.1 使用REST访问Kubernetes … 189
    9.1.2 Kubernetes API详解 … 190
    9.1.3 API Groups … 191
    9.1.4 API方法说明 … 191
    9.1.5 API响应说明 … 192

## 9.2 基于Kubernetes API 的二次开发 193
### 9.2.1 使用Java访问Kubernetes API 193
### 9.2.2 使用Jersey框架访问Kubernetes API 193
### 9.2.3 使用Fabric8框架访问Kubernetes API 194
### 9.2.4 Kubernetes开发中的新功能 194
## 9.3 Kubernetes 集群管理基础 195
### 9.3.1 Node的管理 195
### 9.3.2 Namespace：集群环境共享与隔离 197
### 9.3.3 Kubernetes资源管理 198
### 9.3.4 Pod Disruption Budget 199
### 9.3.5 Kubernetes集群的高可用部署方案 199
### 9.3.6 Kubernetes集群监控和日志管理 200
### 9.3.7 使用Web UI（Dashboard）管理集群 202
### 9.3.8 Kubernetes应用包管理工具Helm 203
## 9.4 故障排除 203
### 9.4.1 查看系统Event事件 203
### 9.4.2 查看容器日志 204
### 9.4.3 查看Kubernetes服务日志 204
### 9.4.4 常见问题及其解决方案 205

# 第1章

# 容器虚拟化概述

**本章学习目标**

- 了解容器实现原理。
- 了解 Docker 和 Kubernetes 基本原理。
- 熟悉容器虚拟化应用场景。

本章首先向读者介绍容器的概念及实现的基本原理,再进一步介绍 Docker 和 Kubernetes,最后介绍容器虚拟化的实际应用场景。

## 1.1 容器的发展历史和应用场景

### 1.1.1 虚拟化技术与容器技术的区别及其联系

虚拟化技术最初起源于 20 世纪 60 年代末,当时美国 IBM 公司开发了一套被称为虚拟机管理监视器(Virtual Machine Monitor)的软件。该软件作为计算机硬件层上面的一层软件抽象层,将计算机硬件虚拟分区成一个或多个虚拟机,并提供多用户对大型计算机的交互访问。

如今,虚拟化技术已成为一种被大家广泛认可的服务器资源共享方式,它可以在按需构建操作系统实例的过程中,为系统管理员提供极大的灵活性。但 Hypervisor 虚拟化技术仍然存在一些性能和资源使用效率方面的问题,因此出现了一种称为容器(Container)的新型虚拟化技术来帮助解决这些问题。

如果说虚拟化技术通过 Hypervisor 实现 VM 与底层硬件的解耦,那么容器(Container)技术就是一种更加轻量级的操作系统虚拟化技术。它是将应用程序及其运行依赖环境打包封装到标准化、强移植的镜像中,通过容器带有的引擎提供进程隔离、资源可限制的运行环境,实现应用与 OS 平台及底层硬件的解耦,一次性打包,实现了跨区域性的移植运行。

容器本身是基于镜像实现运行的,可部署在物理机或者虚拟机上,通过容器引擎与容器编排调度平台来实现容器化应用的生命周期管理。

虚拟化技术与容器技术的对比如图 1-1 所示。

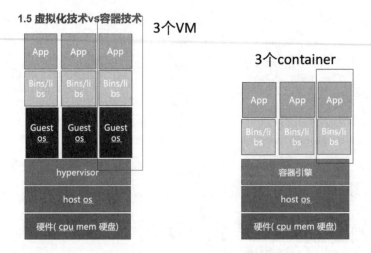

图 1-1 虚拟化技术与容器技术的对比

VM 中包含 GuestOS，调度与资源占用都比较重。而容器仅仅只包含应用运行时所需要的文件，管理容器就是管理应用本身。

如表 1-1 所示，容器具有极其轻量、秒级部署、易于移植、敏捷弹性伸缩等多种优势。VM 是 OS 系统级隔离，而容器则是进程级隔离，但相对于 VM 来说，容器的安全性更弱一些，因此需要一些额外的安全技术或安全容器方案来弥补。

表 1-1 虚拟化技术和容器化技术对比

| 对 比 项 | 虚拟化 VM | 容器 Container |
| --- | --- | --- |
| 镜像大小 | 包含 GuestOS 几 GB 以上 | 只包含应用的 bin/lib |
| 资源要求 | CPU 内存按核、GB 分配 | CPU 内存按 0.x 核，0.0xGB 分配 |
| 启动时间 | 分钟级 | 毫秒级 |
| 可移植 | 跨物理机迁移 | 跨 OS 平台迁移 |
| 弹性伸缩 | VM 自动伸缩，CPU/内存手动伸缩 | 实例自动伸缩，CPU/内存自动伸缩 |
| 隔离策略 | OS，系统级 | Cgroup 进程级 |

作为云原生的核心技术，容器、微服务与 DevOps/ CICD 等技术已成为应用架构转型或实现技术中台不可或缺的组件。

## 1.1.2 容器虚拟化应用场景

容器技术的诞生，其主要目的是为解决 PaaS 层的技术实现，就像 OpenStack、Cloudstack 等技术为解决 IaaS 层的问题而诞生一样。对于 IaaS 层和 PaaS 层的区别和特性，这里不再赘述。

目前，主流的容器技术主要应用场景有以下 4 种。

**1. 容器化传统应用**

容器技术不仅能提高现有应用的安全性和可移植性，还能节约成本。每个企业的环境中都有一套较旧的应用来服务于客户或自动执行业务流程。即使是大规模的单体应用，也可以通过容器隔离来增强安全性、可移植性等特点，从 Docker 中获益，从而降低成本。容器化之后，这些应用可以扩展额外的服务或者转变到微服务架构上。

**2. 持续集成和持续部署（CI/CD）**

通过 Docker 加速应用管道自动化和应用部署，交付速度至少提高 13 倍。其现代化开发流程快速、持续且具备自动执行能力，最终目标就是为了开发出更加可靠的软件。

通过持续集成（CI）和持续部署（CD），每次开发人员签入代码并顺利测试后，IT 团队都能够集成新代码。作为开发运维方法的基础，CI/CD 创造了一种实时反馈回路机制，持续地传输小型迭代更改，从而达到加速更改、提高质量的目的。

CI 环境通常是完全自动化的，通过 git 推送命令触发测试，测试成功时自动构建新镜像，然后推送到 Docker 镜像库。再通过后续的自动化和脚本，将新镜像的容器部署到预演环境，从而进行更深层次的测试。

**3. 微服务**

加速应用架构现代化进程。应用架构正在从采用瀑布模型开发法的单体代码库，转变为独立开发和部署的松耦合服务。由成千上万个这样的服务相互连接形成应用。Docker 允许开发人员选择最适合于每种服务的工具或技术栈，隔离服务以消除任何潜在的冲突，从而避免"地狱式的矩阵依赖"。

这些容器可以独立于应用的其他服务组件，轻松地共享、部署、更新和瞬间扩展。Docker 端到端安全功能让团队能够构建和运行最低权限的微服务模型，服务所需的资源（其他应用、涉密信息、计算资源等）会适时地被创建并访问。

**4. IT 基础设施优化**

充分利用基础设施，节省资金。Docker 和容器有助于优化 IT 基础设施的利用率和成本。优化不仅是指削减成本，还指能确保在适当的时间有效地使用适当的资源。

容器作为一种轻量级的打包和隔离应用工作负载的方法，它允许在同一物理或虚拟服务器上毫不冲突地运行多项工作负载。企业可以整合数据中心，将并购而来的 IT 资源进行整合，从而获得向云端的可迁移性，同时减少操作系统和服务器的维护工作。

## 1.2 从容器到 Docker

### 1.2.1 Docker 的由来

2010 年，美国旧金山成立了一家名为"dotCloud"的公司。这家公司主要提供基于 PaaS

的云计算技术服务。具体来说，是和 LXC 有关的容器技术。LXC 是指 Linux 容器虚拟技术（Linux container）。后来，dotCloud 公司将自己的容器技术进行了简化和标准化，并命名为 Docker。Docker 技术诞生后，并没有引起行业的关注。

而 dotCloud 公司作为一家小型创业企业，在激烈的竞争之下，也步履维艰。正当他们快要坚持不下去的时候，想出了"开源"（Open Source）的想法。所谓"开源"，就是开放源代码，将原来内部保密的程序源代码开放给所有人，然后让大家一起参与进来，贡献代码和意见。

对于开源，有的软件从一开始设计时就开源；有的软件是因为资金不够，但它的创造者又不想放弃开发，所以选择开源。

2013 年 3 月，dotCloud 公司的创始人之一，Docker 之父，28 岁的 Solomon Hykes 正式决定将 Docker 项目开源。

在 Docker 项目开源后，越来越多的 IT 工程师开始发现 Docker 的优点，蜂拥而至 Docker 开源社区，Docker 的人气迅速攀升，速度之快令人瞠目结舌。

开源当月，Docker 0.1 版本发布，此后的每一个月 Docker 都会发布一个版本。2014 年 6 月 9 日，Docker 1.0 版本正式发布。此时的 Docker 已经成为行业里人气火爆的开源技术，没有之一。甚至像 Google、微软、Amazon、VMware 等巨头，都对它青睐有加，表示将全力支持。

Docker 流行之后，dotCloud 公司把公司名字改成了"Docker Inc."。

2013 年，CoreOS（Linux 系统）也加入了 Docker 的生态建设中，在容器生态圈中贴有标签——专为容器设计的操作系统 CoreOS。然而，2014 年 CoreOS 发布了自己的开源容器引擎 Rocket，从此 Docker 和 Rocket 成为容器技术的两大阵营。

## 1.2.2　容器的标准化

当前，Docker 几乎是容器的代名词，很多人以为 Docker 就是容器。其实，这是错误的认知，容器除了 Docker 外，还有 CoreOS。

当然有不同就容易出现分歧，所以任何技术的出现都需要一个标准来规范它，否则容易导致技术实现的碎片化，出现大量的冲突和冗余。

因此，在 2015 年，成立了由 Google、Docker、CoreOS、IBM、微软、红帽等厂商联合发起的 OCI（Open Container Initiative）组织，并于 2016 年 4 月推出了第一个开放容器标准。

该标准主要包括容器镜像标准（image spec）和容器运行时标准（runtime spec）。容器标准的推出有助于为成长中的市场带来稳定性，让企业能放心地采用容器技术；用户在打包、部署应用程序后，可以自由选择不同的容器 Runtime；同时，镜像打包、建立、认证、部署、命名也都能按照统一的规范来做。

**1. 容器镜像标准**

（1）一个镜像由 4 部分组成：manifest、Image Index（可选）、layers 和 Configuration。

①manifest 文件。

manifest 文件包括镜像内容的元信息和镜像层的摘要信息，这些镜像层可以解包部署成最后的运行环境、镜像的 config 文件索引、有哪些 layer 及额外的 annotation 信息。manifest 文件中保存了很多与当前平台有关的信息。

②Image Index 文件。

从更高的角度描述了 manifest 信息，主要应用于镜像跨平台可选的文件，指向不同平台的 manifest 文件，其作用是确保镜像能跨平台使用。每个平台都拥有着不同的 manifest 文件，但都会使用 index 文件作为索引。

③layers 文件。

以 layer 保存的文件系统，每个 layer 保存了和上层之间变化的部分，layer 应该保存哪些文件，以及如何表示增加、修改和删除的文件等。

④Configuration 文件。

config 文件包含了应用的参数环境，保存了文件系统的层级信息（每个层级的 hash 值、历史信息），以及容器运行时需要的一些信息（如环境变量、工作目录、命令参数、mount 列表等），指定了镜像在某个特定平台和系统的配置。比较接近使用 docker inspect <image_id>时看到的内容。

（2）根据存储内容的密码学哈希值来找到镜像存储的位置，根据内容寻址描述格式。

（3）一种格式存储 CAS 斑点并引用它们（可选 OCI 层）。

（4）签名是基于签名的图像内容的地址（可选 OCI 层）。

（5）命名是联合基于 DNS，可以授权（可选 OCI 层）。

**2. 容器运行时标准**

1）creating（创建中）

使用 create 命令创建容器，这个过程称为创建中。

2）created（创建后）

容器创建出来，但是还没有运行，表示镜像和配置没有错误，容器能够在当前平台运行。

3）running

容器的运行状态，里面的进程处于 up 状态，正在执行用户设定的任务。

4）stopped

容器运行完成，或者运行出错，或者运行 stop 命令后容器处于暂停状态。这个状态下，容器还有很多信息保存在平台中，并没有完全被删除。

容器标准格式也要求容器把自身运行时的状态持久化到磁盘中，这样便于外部的其他工具对此信息使用和演绎，运行时状态会以 JSON 格式编码存储。推荐把运行时状态的 JSON

文件存储在临时文件系统中，以便系统重启后会自动移除。

一个 state.json 文件中包含的具体信息如下。

1）版本信息

存放 OCI 标准的具体版本号。

2）容器 ID

通常是一个哈希值，也可以是一个易读的字符串。在 state.json 文件中加入容器 ID 是为了便于之前提到的运行时 hooks 只需载入 state.json 就可以定位到容器，然后检测 state.json，若发现文件不见了就判定为容器关停，再执行相应预定义的脚本操作。

3）PID

容器中运行的首个进程在宿主机上的进程号。

4）容器文件目录

存放容器 rootfs 及相应配置的目录。外部程序只需读取 state.json 即可定位到宿主机上的容器文件目录。 标准的容器生命周期应该包含 3 个基本过程。

（1）容器创建。

容器创建包括文件系统、namespaces、cgroups、用户权限在内的各项内容的创建。

（2）容器进程的启动。

运行容器进程，进程的可执行文件定义在 config.json 中的 args 项。

（3）容器暂停。

容器实际上作为进程可以被外部程序关停（kill），容器标准规范应该包含对容器暂停信号的捕获，并做相应资源回收的处理，避免孤儿进程的出现。

总的来说，容器镜像标准定义了容器镜像的打包形式（pack format），而容器运行时标准定义了如何运行一个容器。

### 1.2.3　Docker 的开源项目 moby

moby 项目地址如下：

https://github.com/moby/moby

moby 项目的目标是基于开源的方式，发展成为 Docker 的上游，并将 Docker 拆分为很多模块化组件。其中包括 Docker 引擎的核心项目，但是引擎中的代码正在持续拆分和模块化。

## 1.3　容器虚拟化与 Docker

### 1.3.1　容器虚拟化技术

容器化应用不是直接在宿主机上运行的应用，而是运行应用程序的传统方法，将应用程序直接安装在宿主机的文件系统上,并从文件系统运行它,其环境包括宿主机的进程表、文件系统、IPC 设施、网络连接、端口及设备。

有时,应用程序迭代更新时,需要应用程序在系统上运行不同版本的应用。这就很容易引起应用程序间的冲突。比如,多个应用程序占用同一个端口的情况,如 mysql 的 3306 端口与网页的 80 端口,这些都是一台宿主机无法解决的问题。

容器化应用不是在虚拟机上运行的应用,虚拟机上的应用作为宿主机独立的操作系统运行,解决了应用直接在硬件上运行缺乏的灵活性,可以在宿主机上启动 10 个不同的虚拟机来运行 10 个应用程序,虽然每个虚拟机上的服务监听了同一个端口号 3306,但是每个虚拟机有自己独立的 IP,所以不会起冲突,但是一个虚拟机运行耗费了很多空间,占用大量的 CPU,或者虚拟系统占用的 CPU 远比你的应用程序消耗的高得多。

容器化应用独立运行环境如下。

(1)文件系统。

容器拥有自己的文件系统,默认情况,它无法看到宿主系统的文件,该规则有一个例外,即有些文件(如/etc/hosts、/etc/resolv.confDNS 服务文件)可能会被自动挂载到容器中。另一个例外是当容器运行镜像时,可以将显示的宿主机的目录挂载到容器中。

(2)进程表。

Linux 宿主机上运行着成千上万的进程,默认情况下,容器内无法看到宿主机的进程表,因此,你的应用在容器启动时,pid 为 1。

(3)网络接口。

默认情况下,容器会通过 DHCP 从一组私有 IP 地址确定 IP。

(4)IPC 设备。

容器内运行的进程不能与宿主机系统上运行的进程通信设施交互,可以将宿主机上的 IPC 设备暴露给容器,每个容器都有自己的 IPC 设施。Linux IPC:Pipe Signal Message Semaphore Socket 共享内存。

(5)设备。

容器进程无法直接看到宿主机的设备,可以设置特殊权限,在启动容器时授予权限。

## 1.3.2　容器造就了 Docker

关于容器是否是 Docker 的核心技术,业界一直存在争议。有人认为 Docker 的核心技术是对分层镜像的创新使用,还有人认为其核心是统一了应用的打包分发和部署方式,为服务器级别的"应用商店"提供了可能,而这将会是颠覆传统行业的举措。

事实上,这一系列创新并不依赖于容器技术,基于传统的 Hypervisor 也可以做到,业界也由此诞生了一些开源项目,如 Hyper、Clear Linux 等。

另外,Docker 官方对 Docker 核心功能的描述"Build,Ship and Run"中也没有体现与容器强相关的内容。

尽管如此，容器仍然是 Docker 的核心技术之一。

首先从 Docker 的诞生历史上来看，它主要是为了完善当时的容器项目 LXC，让用户可以更方便地使用容器，让容器可以更好地应用到项目开发和部署的各个流程中。从一开始，LXC 就是 Docker 上的唯一容器引擎也可以看出这一点，因此，可以说 Docker 就是为容器而生的。

另外，更重要的一点是，同 Docker 一起发展、众所周知的一个名为"微服务"（micro service）的设计哲学有关，而这会把容器的优势发挥得淋漓尽致。容器作为 Linux 平台的轻量级虚拟化，其核心优势是与内核的无缝融合，其在运行效率上的优势和极小的系统开销，与需要将各个组件单独部署的微服务应用完美融合。

而且微服务在隔离性问题上更加可控，这也避免了容器相对传统虚拟化在隔离性上的短板。所以，未来在微服务的设计哲学下，容器必将与 Docker 一起得到更加广泛的应用和发展。

在理解了容器、容器的核心技术 Cgroup 和 Namespace，以及容器技术如何巧妙且轻量地实现"容器"本身的资源控制和访问隔离后，就会明白 Docker 和容器其实是一种完美的融合和相辅相成的关系，它们不是唯一的搭配，但一定是最完美的组合。

与其说是容器造就了 Docker，不如说是它们造就了彼此，容器技术让 Docker 得到更多的应用和推广，Docker 也使容器技术被更多人熟知。在未来，它们也一定会彼此促进，共同发展，在全新的解决方案和生态系统中扮演重要角色。

### 1.3.3 Docker 的概念

Docker 是一个开源的应用容器引擎，让开发者可以打包他们的应用和依赖包到一个可移植的容器中，然后发布到任何流行的 Linux 或 Windows 机器上，也可以实现虚拟化，容器完全使用沙箱机制，相互之间不会有任何接口。

Docker 的基本概念如下。

#### 1. 镜像

Docker 镜像（Image）相当于是一个 root 文件系统。比如官方镜像 ubuntu:16.04 就包含了完整的一套 Ubuntu16.04 最小系统的 root 文件系统。

#### 2. 容器

镜像和容器的关系，就像是面向对象程序设计中的类和实例一样，镜像是静态的定义，容器是镜像运行时的实体。容器可以被创建、启动、停止、删除、暂停等。

#### 3. 仓库

可以将仓库看成一个代码控制中心，用来保存镜像。

Docker 使用客户端-服务器（C/S）架构模式，使用远程 API 来管理和创建 Docker 容器。Docker 容器通过 Docker 镜像来创建。容器与镜像的关系类似于面向对象编程中的对象与类。

### 1.3.4 为什么使用 Docker

**1. 容器化应用面临的挑战**

（1）容器化应用本质上还是各自独立的，一个应用系统的存在需要注册服务应用、登录服务应用、数据库应用、缓存应用等。

（2）如何让它们精密配合使用和互相访问？

（3）如何管理容器镜像，比如保存 myql 镜像？

（4）如何确保下载官方的 mysql 镜像时，在下载过程中镜像没有被篡改？

（5）原本 Linux 系统中有用于启动停止服务的机制、监控侦听、轮换日志文件的方式来确保服务的稳定运行，但是容器隔离了 Linux 系统。如何对容器应用进行监控侦听来确保稳定运行？

**2. Docker 具备的优势**

（1）统一的管理服务。

使用 Docker 部署的应用，都会在 Docker 的管理范围之内。这也是 Docker 的另一个优点（第一个是标准化），它提供了一种隔离的空间，把服务器上零散的部署应用集中起来进行管理。

比如未使用 Docker 时，一个服务器上部署了多个服务，如 mysql、redis、rabbitmq 等。如果有一天服务器突然断电重启了，那些没有设置自动重启的应用、重启出现问题的应用，以及某些甚至都不知道隐藏在某个角落里的重要应用启动没有成功怎么办？

但使用 Docker 后，一眼就可以看出哪些应用正常启动了，哪些应用出问题了，然后进行处理即可。

（2）更高效的利用系统资源。

由于容器不需要进行硬件虚拟及运行完整操作系统等额外开销，Docker 对系统资源的利用率更高，无论是应用执行速度、内存消耗还是文件存储速度，都比传统虚拟机技术更高效。

因此，相比虚拟机技术，一个相同配置的主机往往可以运行更多数量的应用。Docker 容器的运行不需要额外的 Hypervisor 支持，它是内核级的虚拟化，因此可以实现更高的性能和效率。

（3）更快速的启动时间。

传统的虚拟机技术启动应用服务往往需要数分钟，而由于 Docker 容器应用直接运行于宿主内核，无须启动完整的操作系统，因此可以做到秒级，甚至毫秒级的启动时间，大大节约了开发、测试、部署等过程中的时间。

（4）一致的运行环境。

开发过程中一个常见的问题就是环境一致性问题，由于开发环境、测试环境和生产环境不一致，导致某些 bug 并未在开发过程中被发现，而 Docker 的镜像功能提供了除内核外完整的运行时环境，确保了应用运行环境一致性，不会再出现这类问题。

（5）持续交付和部署。

对于开发和运维人员来说，希望一次性完成创建或配置后，就可以在任意地方正常运行。使用 Docker 可以通过定制应用镜像来实现持续集成、持续交付和持续部署。

开发人员可以通过 Dockerfile 进行镜像构建，并结合持续集成系统进行集成测试，而运维人员则可以在生产环境中快速部署该镜像，甚至结合持续部署系统进行自动部署。

（6）更轻松的迁移。

由于 Docker 确保了执行环境的一致性，使应用的迁移更加容易。Docker 可以在很多平台上运行，无论是物理机、虚拟机、公有云、私有云，甚至是比较版本，其运行结果都是一致的，因此用户可以很轻易地将一个平台上运行的应用迁移到另一个平台上，而不用担心运行环境的变化导致应用无法正常运行。

（7）更轻松的维护和扩展。

Docker 使用的分层存数及镜像技术，可以使应用重复部分的复用更为容易，也使应用的维护更新更加简单，基于基础镜像进一步扩展镜像也变得非常简单。

此外，Docker 团队同各个开源项目团队一起维护了一大批高质量的官方镜像，既可以直接在生产环境中使用，又可以作为基础进一步定制，大大降低了应用服务的镜像制作成本。

## 1.4 从 Docker 到 Kubernetes

### 1.4.1 Kubernetes 的由来

#### 1. 传统部署时代

早期，各个组织机构在物理服务器上运行应用程序。无法为物理服务器中的应用程序定义资源边界，这会导致资源分配问题。例如，如果在物理服务器上运行多个应用程序，则可能会出现一个应用程序占用大部分资源的情况，结果可能导致其他应用程序的性能下降。

一种解决方案是在不同的物理服务器上运行每个应用程序，但是由于资源利用不足而无法扩展，并且维护许多物理服务器的成本很高。

#### 2. 虚拟化部署时代

作为解决方案，引入了虚拟化。虚拟化技术允许用户在单个物理服务器的 CPU 上运行多个虚拟机（VM）。虚拟化允许应用程序在 VM 之间隔离，并提供一定程度的安全保障，因为一个应用程序的信息不能被另一个应用程序随意访问。

虚拟化技术能够更好地利用物理服务器上的资源，并且因为可轻松地添加或更新应用程序，可以实现更好的可伸缩性，降低硬件成本等。每个 VM 都是一台完整的计算机，在虚拟化硬件之上运行所有组件，包括其自己的操作系统。

**3. 容器部署时代**

容器类似于 VM，但是它们具有被放宽的隔离属性，可以在应用程序之间共享操作系统（OS）。因此，容器被认为是轻量级的。容器与 VM 类似，具有自己的文件系统、CPU、内存、进程空间等。由于它们与基础架构分离，因此可以跨云和 OS 发行版本进行移植。

容器因具有许多优势而变得流行起来，下面列出了使用容器的几点好处。

（1）敏捷应用程序的创建和部署：与使用 VM 镜像相比，提高了容器镜像创建的简便性和效率。

（2）持续开发、集成和部署：通过快速简单的回滚（由于镜像不可变性），支持可靠且频繁的容器镜像构建和部署。

（3）关注开发与运维的分离：在构建/发布时而不是在部署时创建应用程序容器镜像，从而将应用程序与基础架构分离。

（4）可观察性不仅可以显示操作系统级别的信息和指标，还可以显示应用程序的运行状况和其他指标信号。

（5）跨开发、测试和生产的环境一致性：在便携式计算机上与在云中相同地运行。

（6）跨云和操作系统发行版本的可移植性：可在 Ubuntu、RHEL、CoreOS、本地、Google Kubernetes Engine 和其他任何平台运行。

（7）松散耦合、分布式、弹性、解放的微服务：应用程序被分解成较小的独立部分，并且可以动态部署和管理，而不是在一台大型单机上整体运行。

（8）资源隔离：可预测的应用程序性能。

（9）资源利用：高效率和高密度。

## 1.4.2 Kubernetes 的功能

容器是打包和运行应用程序的方式。在生产环境中，需要管理运行应用程序的容器，并确保容器不会停机。例如，一个容器发生故障时，需要马上启动另一个容器替代上，这样一来就节省了修理故障的时间，也不会影响运行的服务。

这就是 Kubernetes 解决这些问题的方法。Kubernetes 提供了一个可弹性运行分布式系统的框架，能满足扩展要求、故障转移、部署模式等。例如，Kubernetes 可以轻松地管理系统的 Canary 部署。

Kubernetes 的优势如下。

（1）服务发现和负载均衡。

Kubernetes 可以使用 DNS 名称或自己的 IP 地址公开容器，如果一次性进入容器的流量数据庞大，那 Kubernetes 还可以更高效地负载均衡并分配适合网络流量，从而使部署变得稳定。

（2）存储编排。

Kubernetes 允许自动挂载所选择的存储系统，如本地存储、公共云提供商等。

（3）自动部署和回滚。

可以使用 Kubernetes 描述已部署容器的所需状态，它可受控的速率将实际状态更改为期望状态。例如，可以自动化 Kubernetes 来为用户的部署创建新容器，删除现有容器并将它们的所有资源用于新容器。

（4）自动完成装箱计算。

Kubernetes 允许用户指定每个容器所需的 CPU 和内存（RAM）。当容器指定了资源请求时，Kubernetes 可以更好地决策出管理容器所需要的资源。

（5）自我修复。

Kubernetes 能够重新启动失败的容器、替换容器、终止不响应用户定义的运行状况检查的容器，并且在准备好服务之前不将其通告给客户端。

（6）密钥与配置管理。

Kubernetes 允许用户存储和管理敏感信息，如密码、OAuth 令牌和 ssh 密钥。用户可以在不重建容器镜像的情况下部署、更新密钥和应用程序配置，无须在堆栈配置中暴露密钥。

## 1.5 安装 VMware

步骤 1：进入 VMware 官网（https://www.vmware.com/cn.html），单击上方导航栏中的"工作空间"菜单，再单击图中标记的"桌面 Hypervisor"下的 Workstation Pro，如图 1-2 所示。

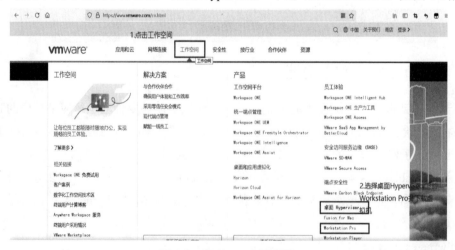

图 1-2　VMware 官网界面

步骤 2：进入 CentOS 官网（https:// www.centos.org ），单击上方导航栏中的 Download 菜单，如图 1-3 所示。

图 1-3　CentOS 首页

步骤 3：选择自己的计算机对应的类型进行下载，如图 1-4 所示。

图 1-4　CentOS 版本类型

步骤 4：选择一个镜像源。这里既可以选择最新版本的 CentOS 8.5.2 版本，也可以选择下载案例中的 CentOS 7 版本，如图 1-5 所示。

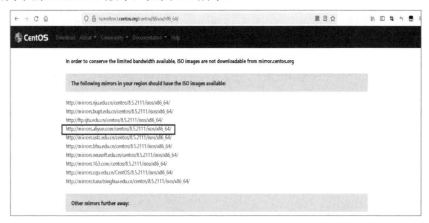

图 1-5　选择镜像源

步骤 5：选择其中一种版本的 CentOS 版本 CD 下载，如图 1-6 所示。

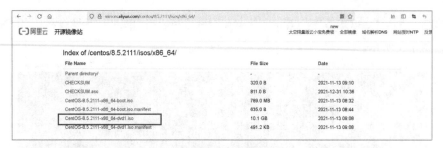

图 1-6　选择版本

步骤 6：创建虚拟机，如图 1-7 所示。

图 1-7　创建虚拟机

步骤 7：首先单击左上角的菜单，新建虚拟机跳转到向导界面，如图 1-8 所示。

步骤 8：进入向导界面后，选择"自定义（高级）"单选按钮，单击"下一步"按钮，如图 1-8 所示。在兼容性界面中保持默认设置，如图 1-9 所示。单击"下一步"按钮，在映像文件界面中的"安装程序光盘映像文件"中选择已下载的 CentOS-7 文件，单击"下一步"按钮，进入命名虚拟机界面，如图 1-10 所示。在"位置"选项下选择存放虚拟机的磁盘位置和是否要修改虚拟机名称，如图 1-11 所示。

图 1-8　向导界面

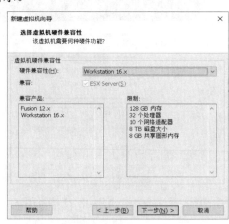

图 1-9　兼容性界面

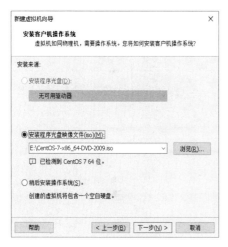
图1-10 映像文件界面

图1-11 命名虚拟机界面

步骤9：单击"下一步"按钮，进入处理器界面，如图1-12所示，设置"处理器数量"和"每个处理器的内核数量"参数，注意不能给予太多的处理器，否则会影响宿主机的运行，从而导致虚拟机的运算速率下降。完成后进入虚拟机内存界面，如图1-13所示，选择推荐内存1GB后单击"下一步"按钮。

图1-12 处理器界面

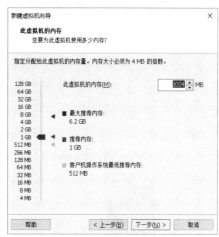
图1-13 虚拟机内存界面

步骤10：进入网络类型界面，如图1-14所示，选择"使用桥接网络"单选按钮，单击"下一步"按钮，进入选择磁盘界面，如图1-15所示。在其中选择"创建新虚拟磁盘"单选按钮，单击"下一步"按钮，进入磁盘容量界面，如图1-16所示，选择完毕后等待虚拟机的创建，如图1-17所示。

步骤11：配置完虚拟机后，在界面中选择语言中文设置后，进入到安装信息摘要界面如图1-18所示，在"软件选择"选项中选择"带GUI的服务器"选项，单击"开始安装"按钮，最后出现配置用户密码界面，配置用户和密码，等待安装完毕即可，如图1-19所示。

登录到Linux字符界面如图1-20所示。

图 1-14 网络类型界面

图 1-15 选择磁盘界面

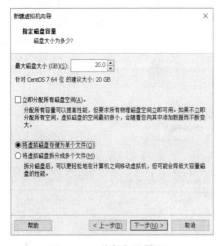
图 1-16 磁盘容量界面

图 1-17 完成界面

图 1-18 安装信息摘要

主页
CentOS 7 64 位
配置
CENTOS 7 安装
cn
帮助！
CentOS
用户设置
ROOT 密码
Root 密码未设置
创建用户(U)
不会创建任何用户
正在启动软件包安装进程
entOS Core SIG
oduces the CentOS Linux Distribution.
请先完成带有此图标标记的内容再进行下一步。

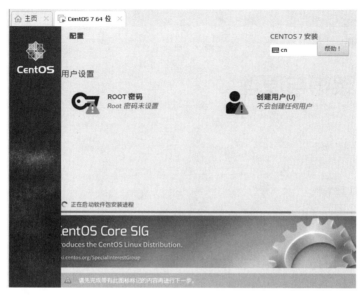

图 1-19　配置用户密码界面

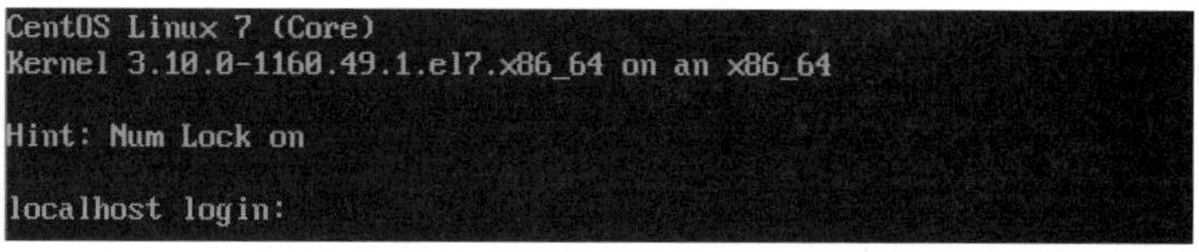
CentOS Linux 7 (Core)
Kernel 3.10.0-1160.49.1.el7.x86_64 on an x86_64
Hint: Num Lock on
localhost login:

图 1-20　Linux 字符界面

# 第 2 章

# Docker 架构与原理

 本章学习目标

- 了解容器虚拟化和 Docker。
- 了解 Docker 的技术结构和技术原理。
- 熟悉 Docker 的安装和使用。

本章首先向读者介绍容器虚拟化和 Docker 之间的关联，再进一步介绍 Docker 的技术结构和原理，最后介绍 Docker 的安装和使用过程。

## 2.1 技术架构

### 2.1.1 Docker 技术构成

Docker 软件采用客户-服务（CS 架构）的技术架构模式，Docker Client 和 Docker Daemon 交互，Docker Daemon 负责创建、运行、发布容器，Docker Client 和 Docker Daemon 可以在同一个系统中，或者 Docker Client 可以通过 REST API 远程控制 Docker Daemon。Docker Compose 负责控制一组应用容器，如图 2-1 所示。

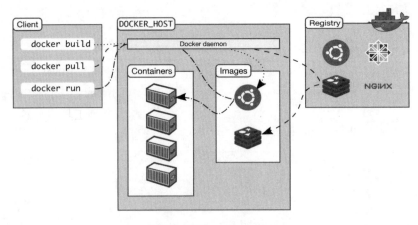

图 2-1 Linux Container

## 2.1.2 Docker 核心技术

Docker 核心技术有 3 类：Cgroups、LXC、AUFS。

### 1. Cgroups

Cgroups 提供了对一组进程及将来子进程的资源限制、控制和统计的能力，这些资源包括 CPU、内存、存储、网络等。通过 Cgroups，可以方便地限制某个进程的资源占用，并且可以实时监测进程的监控和统计信息。Cgroups 的接口通过操作一个虚拟文件系统来实现，一般挂载在（/sys/fs/cgroup）文件夹下。

### 2. LXC

LXC 是 Linux Containers 的简称，是一种基于容器的操作系统层级的虚拟化技术。LXC 项目位于 Sourceforge 上面，由一个 Linux 内核补丁和一些用户空间工具组成，其中内核补丁提供底层新特性，上层工具使用这些新特性，提供一套简化的工具来维护容器。

LXC 在资管管理方面依赖与 Linux 内核密切相关的 Cgroups 子系统，这个子系统是 Linux 内核提供的一个基于进程组的资源管理框架，可以为特定的进程组限定可以使用的资源，借助 Cgroups 子系统，在当前 Linux 环境下实现一个轻量化的虚拟机。

LXC 在隔离控制方面依赖于 Linux 内核提供的 namespace 特性，具体来说，就是在 clone 时加入相应的 flag。

### 3. AUFS

AUFS 是一种 Union File System（联合文件系统），又称 Another UnionFS，后来被称为 Alternative UnionFS，再后来又被称为高大上的 Advance UnionFS。所谓 UnionFS，就是把不同物理位置的目录合并（mount）到同一个目录中。UnionFS 的一个最主要应用是，把一张 CD/DVD 和一个硬盘目录联合（mount）在一起，然后，就可以对这个只读的 CD/DVD 上的文件进行修改（当然，修改的文件存储在硬盘上的目录里）。

## 2.1.3 Docker 打包原理

在 LXC 的基础上，Docker 额外提供的 Feature 包括：标准统一的打包部署运行方案，为了最大化重用 Image，加快运行速度，减少内存和磁盘 footprint，Docker Container 运行时所构造的运行环境实际上是由具有依赖关系的多个 Layer 组成的。

在基础的 rootfs image 的基础上，叠加了包含如 Emacs 等各种工具的 image，再叠加包含 apache 及其相关依赖 library 的 image，这些 image 由 AUFS 文件系统加载合并到统一路径中，以只读的方式存在，最后再叠加加载一层可写的空白 Layer，用于记录对当前运行环境所作的修改。有了层级化的 image 做基础，理想情况下，不同的 App 就可以尽可能地公用底层文件系统和相关依赖工具等，同一个 App 的不同示例也可以实现公用绝大多数数据，进而以 copy on write 的形式维护那份已修改过的数据等。

## 2.1.4　Docker 网络模式

Docker 的网络模式包括下列 4 类：Bridge container（桥接式网络模式）、Host（open）container（开放式网络模式）、Container（join）container（联合挂载式网络模式，是 Host 网络模式的延伸）、None（Close）container（封闭式网络模式）。

1）Bridge container

当 Docker 进程启动时，会在主机上生成一个默认的虚拟网桥，此主机上启动的 Docker 容器会连接到虚拟网桥中，默认的 IP 地址都是由虚拟网桥生成的。虚拟网桥的工作方式和物理交换机类似，这样主机上的所有容器就通过交换机连在了一个二层网络中。从一个子网中分配一个 IP 给容器使用，并设置子网的 IP 地址为容器的默认网关。在主机上创建一对虚拟网卡 veth pair 设备，Docker 将 veth pair 设备的一端放在新创建的容器中，并命名为 eth0（容器的网卡），另一端放在主机中，以 veth-xxx 这种形式命名，并将这个网络设备加入到虚拟网桥中。

2）Host（open）container

如果启动容器时使用 Host 模式，那么这个容器将不会获得一个独立的 Network Namespace，而是和宿主机共用一个 Network Namespace。容器将不会虚拟出自己的网卡，配置自己的 IP 等，而是使用宿主机的 IP 和端口。但是，容器的其他方面，如文件系统、进程列表等，还是和宿主机隔离的。

3）Container（join）container

这种模式指定新创建的容器和已经存在的一个容器共享一个 Network Namespace，而不是和宿主机共享。新创建的容器不会创建自己的网卡，配置自己的 IP，而是和一个指定的容器共享 IP、端口范围等。同样，两个容器除了网络方面，其他的如文件系统、进程列表等还是隔离的。两个容器的进程可以通过网卡设备通信。

4）None（Close）container

使用 None 模式时，Docker 容器拥有自己的 Network Namespace，但是，并不为 Docker 容器进行任何网络配置。也就是说，这个 Docker 容器没有网卡、IP、路由等信息，只有 IO 网络接口，需要为 Docker 容器添加网卡、配置 IP 等。

不参与网络通信，运行于此类容器中的进程仅能访问本地回环接口，仅适用于进程无须网络通信的场景中，如备份、进程诊断及各种离线任务等。

用户可以在 Linux 虚拟机上使用操作命令来查看容器网络模式，代码如下。

```
docker network
```

代码运行结果如图 2-2 所示。

用户可以在 Linux 虚拟机上使用容器命令指定使用网络模式，代码如下。

```
docker network [指定网络模式]
```

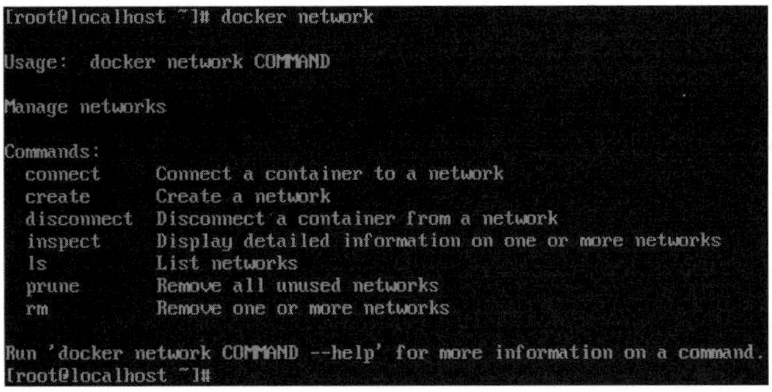

图 2-2 Docker 网络模式

## 2.2 技术原理

### 2.2.1 镜像

镜像是一个只读模板，包含创建 Docker 容器的说明。通常，一个镜像基于另一个镜像附带一些额外的配置。例如，可以构建一个基于 Ubuntu 镜像的镜像，但在里面安装 Apache Web 服务器和应用程序，以及一些确保网站可以详细运行的应用配置（如开放 80 端口）。

用户可以创建自己的镜像，或者使用其他人发布在注册中心的公开镜像。当创建自己的镜像时需要用特定的语法创建一个 Dockerfile，每一个 Dockerfile 描述都会创建一个层级在你的镜像里，当改变 Dockerfile 重建镜像时，只有对应的层级会被改变。这样可使镜像轻量化，效率高，灵活性强，如图 2-3 所示。

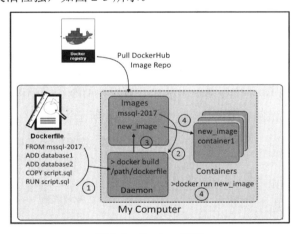

图 2-3 Docker 镜像

通常使用 docker container run 和 docker service create 命令从某个镜像启动一个或多个容器。

一旦容器从镜像启动后，二者之间就变成了互相依赖的关系，并且在镜像上启动的容器全部停止之前，镜像是无法被删除的。尝试删除镜像而不停止或销毁使用它的容器，会导致出错。

镜像通常比较小，容器的目的就是运行应用或者服务，这意味着容器的镜像中必须包含应用服务运行所必需的操作系统和应用文件。

但是，容器又追求快速和小巧，这意味着构建镜像时通常需要裁剪掉不必要的部分，保持较小的体积。例如，Docker 镜像通常不会包含 6 个不同的 Shell 让读者选择——通常 Docker 镜像中只有一个精简的 Shell，甚至没有 Shell。镜像中还不包含内核——容器都是共享所在 Docker 主机的内核。所以，有时会说容器仅包含必要的操作系统（通常只有操作系统文件和文件系统对象）。

提示：Hyper-V 容器运行在专用的轻量级 VM 上，同时利用 VM 内部的操作系统内核。

Docker 官方镜像 Alpine Linux 大约只有 4MB，可以说是 Docker 镜像小巧这一特点的比较典型的例子，如图 2-3 所示。

在 Docker 的术语里，一个只读层被称为镜像，一个镜像是永远不会变的。

由于 Docker 使用一个统一文件系统，Docker 进程认为整个文件系统是以读写方式挂载的。但是所有的变更都发生顶层的可写层，而下层的原始的只读镜像文件并未变化。由于镜像不可写，所以镜像是无状态的。

### 1. 父镜像

每一个镜像都可能依赖于由一个或多个下层而组成的另一个镜像。可以说，下层镜像是上层镜像的父镜像。

### 2. 基础镜像

一个没有任何父镜像的镜像，称为基础镜像。

### 3. 镜像 ID

所有镜像都是通过一个 64 位十六进制字符串（内部是一个 256 bit 的值）来标识的。为简化使用，前 12 个字符可以组成一个短 ID，可以在命令行中使用。短 ID 有一定的碰撞几率，所以服务器总是返回长 ID。镜像关系如图 2-4 所示。

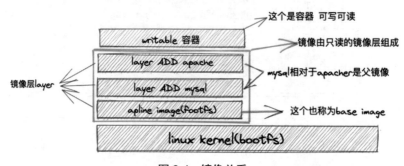

图 2-4　镜像关系

## 2.2.2 容器

容器是镜像的可运行实例。用户可以使用 Docker API 或 CLI 创建、启动、停止、移动或删除容器，还可以将容器连接到一个或多个网络，为其附加存储，甚至可以根据其当前状态创建新映像。

默认情况下，容器与其他容器及其主机相对隔离。用户可以控制容器的网络、存储或其他底层子系统与其他容器或主机之间的隔离程度。

容器由其映像及在创建或启动它时提供给它的任何配置选项定义。当容器被移除时，未存储在持久存储中的对其状态的任何更改都会消失。

## 2.2.3 数据卷

Docker 的镜像是由多个只读的文件系统叠加在一起形成的。启动一个容器时，Docker 会加载这些只读层，并在这些只读层的上面（栈顶）增加一个读写层。此时，如果修改正在运行的容器中已有的文件，那么这个文件将会从只读层复制到读写层。该文件的只读版本还在，只是被上面读写层的该文件的副本隐藏。当删除 Docker 或者重新启动时，之前的更改将会消失。在 Docker 中，只读层及在顶部的读写层的组合被称为 Union File System（联合文件系统）。

为了更好地实现数据保存和数据共享，Docker 提出了 Volume 这个概念，简单地说就是绕过默认的联合文件系统，而以正常的文件或者目录的形式存在于宿主机上，又被称为数据卷。

## 2.2.4 仓库

镜像仓库（Docker Repository）用于存储具体的 Dockcr 镜像，起到仓库存储的作用，比如 Tomcat 下面有很多版本的镜像，它们共同组成了 Tomcat 的 Repository，通过 tag 来区分镜像版本，Registry 上有很多 Repositor。

# 2.3 安装说明

## 2.3.1 Docker 应用场景

### 1. 作为云主机使用

相比虚拟机来说，容器使用的是一系列非常轻量级的虚拟化技术，使得其启动、部署、升级同管理进程一样迅速，用起来既灵活又感觉跟虚拟机一样没什么区别，所以有些人直接使用 Docker 的 Ubuntu 等镜像创建容器，当作轻量的虚拟机来使用。

特别是现在随着系统、软件越来越多，开发测试环境越来越复杂，仅依靠多用户共享这种方式节省资源带来的后果就是环境完全不可控。Docker 容器的出现让每个人仅仅通过一个几 KB 的 Dockerfile 文件就能构建一个自定义的系统镜像,进而启动一个完整系统容器,使人人都能成为 DevOps。

容器云主机也完全能像普通主机一样随意启动、稳定运行、关机和重启,所以在上面随意搭建博客、小网站、VPN 代理服务器等也完全不在话下。除了常用的托管服务业务,完全可以自定义任何用法,包括在上面使用任何云服务提供商的云硬盘和云数据库,部署各种需要的服务。

目前,Docker 容器管理服务器在 Windows 下运行需要借助 Toolbox 工具,虽然微软在 2014 年底就计划提供 Windows Server 容器镜像,但目前还没有发布,所以想要在 Docker 中运行 Windows 系统的容器的用户还需要等待,希望到时候微软能裁剪出一种轻巧的 Windows 基础镜像,毕竟容器本身就是一种更轻量级的系统。

#### 2. 作为服务使用

如果仅仅把 Docker 容器当作一个轻量的固定虚拟机使用,其实只能算是另类用法,Docker 容器最重要的价值在于提供了一整套平台无关的标准化技术,简化服务的部署、升级与维护,只要把需要运维的各种服务打包成标准的集装箱,就可以在任何能运行 Docker 的环境下运行,达到开箱即用的目的,这才是 Docker 容器风靡全球的根本原因。

### 2.3.2 Docker 生态圈

1）Chroot Jail

就是人们常见的 chroot 命令的用法。它诞生于 1979 年,被认为是最早的容器化技术之一。它可以把一个进程的文件系统隔离起来。

2）FreeBSD Jail

FreeBSD Jail 实现了操作系统级别的虚拟化,是操作系统级别虚拟化技术的先驱之一。

3）Linux VServer

使用添加到 Linux 内核的系统级别的虚拟化功能实现的专用虚拟服务器。

4）Solaris Containers

Solaris Containers 也是操作系统级别的虚拟化技术,专为 x86 和 SPARC 系统设计。Solaris 容器是系统资源控制和通过"区域"提供边界隔离的组合。

5）OpenVZ

OpenVZ 是一种 Linux 操作系统级别的虚拟化技术。它允许创建多个安全隔离的 Linux 容器,即 VPS。

6）Process Containers

Process 容器由 Google 的工程师开发,一般被称为 Cgroups。

7）LXC

LXC 又称为 Linux 容器，这也是一种操作系统级别的虚拟化技术，允许使用单个 Linux 内核在宿主机上运行多个独立的系统。

8）Warden

在最初阶段，Warden 使用 LXC 作为容器运行，如今已被 CloudFoundy 取代。

9）LMCTFY

LMCTFY 是 Let Me Contain That For You 的缩写。它是 Google 的容器技术栈的开源版本。Google 的工程师一直在与 Docker 的 libertainer 团队合作，并将 libertainer 的核心概念进行抽象并移植到此项目中。该项目的进展不明，估计会被 libcontainer 取代。

10）Docker

Docker 是一个可以将应用程序及其依赖打包到几乎可以在任何服务器上运行的容器的工具。

11）RKT

RKT 是 Rocket 的缩写，是一个专注于安全和开放标准的应用程序容器引擎。

### 2.3.3 安装 Docker

步骤 1：安装需要的安装包的代码如下。

```
yum install -y yum-utils
```

步骤 2：设置镜像仓库的代码如下。

```
yum-config-manager \
```

输入内容如下。

```
--add-repo \
http://mirrors.aliyun.com/docker-ce/linux/centos/docker-ce.repo
```

步骤 3：安装 Docker 相关内容的代码如下。

```
yum install docker-ce docker-ce-cli containerd.io
```

其中，docker-ce 为社区版，docker-ce-cli 是企业版本。

步骤 4：启动 docker 代码如下。

```
systemctl start docker
```

步骤 5：验证是否安装成功，验证命令代码如下。

```
docker version
```

代码运行结果如图 2-5 和图 2-6 所示。

图 2-5　Docker 版本信息 1

图 2-6　Docker 版本信息 2

## 2.3.4　搭建 Web 服务器

步骤 1：使用 docker 命令查看可用版本，代码如下。

```
docker search nginx
```

代码运行结果如图 2-7 所示。

图 2-7　Docker 可用版本

步骤 2：使用 docker 命令拉取最新版本的 Nginx 镜像，代码如下。

```
docker pull nginx:latest
```

代码运行结果如图 2-8 所示。

步骤 3：使用 docker 命令查看是否已安装了 Nginx，代码如下。

```
docker images
```

代码运行结果如图 2-9 所示。

```
[root@localhost ~]# docker pull nginx:latest
latest: Pulling from library/nginx
Digest: sha256:0d17b565c37bcbd895e9d92315a05c1c3c9a29f762b011a10c54a66cd53c9b31
Status: Image is up to date for nginx:latest
docker.io/library/nginx:latest
[root@localhost ~]#
```

图 2-8　Docker 最新版本

```
[root@localhost ~]# docker images
REPOSITORY    TAG       IMAGE ID       CREATED        SIZE
ubuntu        latest    d13c942271d6   11 days ago    72.8MB
nginx         latest    605c77e624dd   2 weeks ago    141MB
```

图 2-9　镜像仓库

步骤 4：使用 docker 建立容器 nginx，并将本地 8080 端口映射到容器内部的 80 端口，最后设置容器一直在后台运行，代码如下。

```
docker run --name nginx -p 8080:80 -d nginx
```

代码运行结果如图 2-10 所示。

```
[root@localhost ~]# docker run --name nginx -p 8080:80 -d nginx
26edc604a401d5471e062d316572e885e520888fb8eed595075052a82450eeee
```

图 2-10　运行 nginx 容器

步骤 5：最后在浏览器中输入 IP 地址和端口号进入 nginx 服务器，如图 2-11 所示。

图 2-11　端口登录界面

## 2.4　基础命令

1. 基础命令

Docker 容器的学习需要从最基本的了解容器的常用命令开始，只有熟悉这些命令，才能更好地操作容器，完成想要的操作，信息如表 2-1 所示，代码格式如下。

docker　[基础命令]

表 2-1　Docker 基础命令

| 选项 | 命令 |
| --- | --- |
| 环境信息 | info、version |
| 镜像仓库命令 | login、logout、pull、push、search |
| 镜像管理 | build、images、import、load、rmi、save、tag、commit |
| 容器生命周期 | create、exec、kill、pause restart、rm、run、start、stop、unpause |
| 容器运维操作 | attach、export、inspect、port、ps、top、wait、cp、diff |
| 容器资源管理 | volume、network |
| 系统日志信息 | events、history、logs |

2. Docker 环境

查看 Docker 环境也是学习 Docker 不可缺少的一部分，可以从容器环境中知道它的一切需求，指令代码如下。

docker info

代码运行结果如图 2-12 所示。

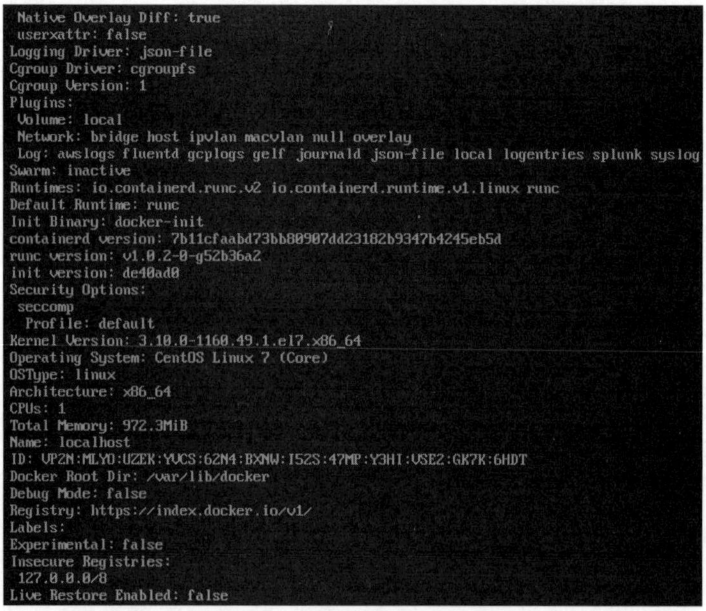

图 2-12　Docker 的环境信息

3. 镜像仓库

容器应用的开发和运行离不开可靠的镜像管理，虽然 Docker 官方也提供了公共的镜像仓库，但是从安全和效率等方面考虑，部署私有环境内的 Registry 非常必要，镜像仓库对应的命令解释如表 2-2 所示。

表 2-2　镜像仓库命令

| 选　项 | 命　　　令 |
| --- | --- |
| Login | 登录到一个 Docker 镜像仓库，如果未指定镜像仓库地址，默认为官方仓库 Docker Hub |
| logout | 退出一个 Docker 镜像仓库，如果未指定镜像仓库地址，默认为官方仓库 Docker Hub |
| pull | 从镜像仓库中拉取或者更新指定镜像，"-a"表示拉取所有 tagged 镜像 |
| push | 将本地的镜像上传到镜像仓库，要先登录到镜像仓库 |
| search | 从 Docker Hub 查找镜像 |

只需要给出镜像的名字和标签，就能在官方仓库中定位一个镜像（采用":"分隔）。从官方仓库拉取镜像时，docker image pull 命令的格式代码如下。

```
docker pull <repository>:<tag>
```

下面的两条命令用于完成 Alpine 和 Ubuntu 镜像的拉取，意为从 alpine 和 ubuntu 仓库拉取了标有"latest"标签的镜像，代码如下。

```
docker pull alpine:latest
docker pull ubuntu:latest
```

代码运行结果如图 2-13 所示。

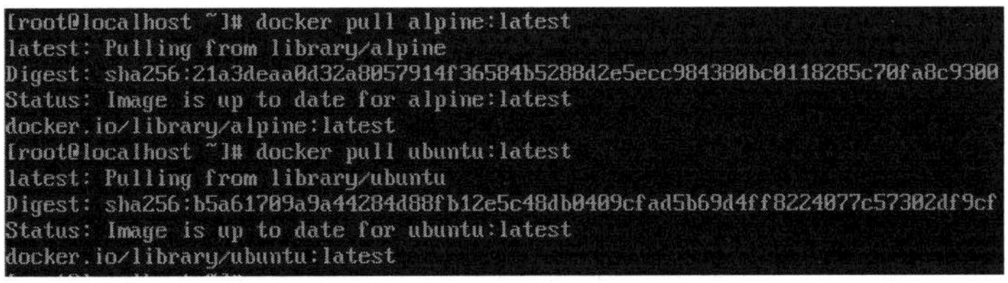

图 2-13　Alpine 和 Ubuntu 镜像拉取

如何从官方仓库拉取不同的镜像呢？

**示例**

1）该命令会从官方 Mongo 库拉取标签为 3.3.11 的镜像

```
docker pull mongo:3.3.11
```

2）该命令会从官方 Redis 库拉取标签为 latest 的镜像

```
docker pull redis:latest
```

3）该命令会从官方 Alpine 库拉取标签为 latest 的镜像

```
docker pull alpine:latest
```

docker search 命令允许通过 CLI 的方式搜索 Docker Hub。用户可以通过"NAME"字段的内容进行匹配，并且基于返回内容中任意列的值进行过滤。

例如，下面的命令会列出所有仓库名称中包含"alpine"的镜像，代码如下。

```
docker search alpine
```

代码运行结果如图 2-14 所示。

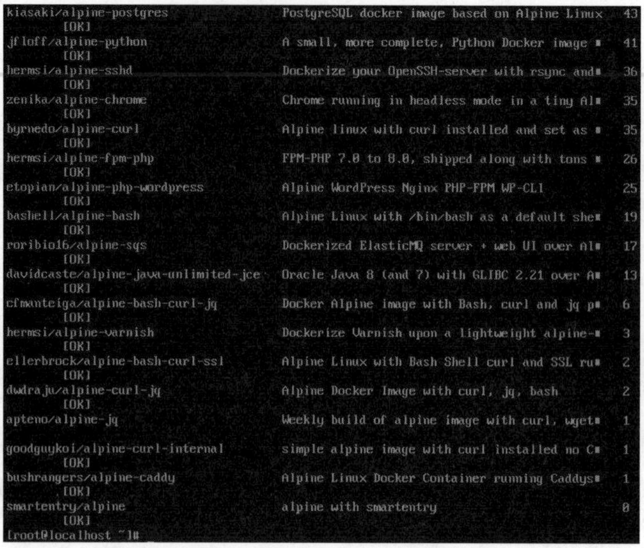

图 2-14 alpine 所有镜像

**4．镜像管理**

本地镜像管理是指通过对应的容器命令对容器本身进行创建、修改、删除、增添等操作，详细的解释说明如表 2-3 所示。

表 2-3  镜像管理命令

| 选　　项 | 命　　令 |
| --- | --- |
| bulid | 用于使用 Dockerfile 创建镜像 |
| images | 列出本地镜像 |
| import | 从归档文件中创建镜像 |
| load | 导入使用 docker save 命令导出的镜像 |
| rmi | 删除本地一个或多少镜像 "-f" 表示强制删除 |
| save | 将指定镜像保存成 tar 归档文件 |
| tag | 标记本地镜像，将其归入某一仓库 |
| commit | 从容器创建一个新的镜像 |

**5．系统日志信息**

系统日志信息对应的命令解释如表 2-4 所示。

表 2-4  系统日志信息命令

| 选　　项 | 命　　令 |
| --- | --- |
| Event | 从服务器获取实时事件 |
| history | 查看指定镜像的创建历史 |
| logs | 获取容器的日志 |

### 6. 容器生命周期

容器生命周期对应的命令解释如表 2-5 所示。

表 2-5 容器生命周期命令

| 选 项 | 命 令 |
| --- | --- |
| Create | 创建一个新的容器，但不启动它 |
| exec | 在运行的容器中执行命令 |
| kill | 终止一个运行中的容器 |
| pause/unpause | 暂停/恢复容器中所有的进程 |
| start/restart | 启动/重启一个或多个已经被停止的容 |
| run | 创建一个新的容器并运行一个命令 |
| rm | 表示删除一个或多个容器。"-l"表示移除容器间的网络连接，而非容器本身。"-v"表示删除与容器关联的卷 |
| stop | 停止一个容器 |

### 7. 容器运维操作

容器运维操作对应的命令解释如表 2-6 所示。

表 2-6 容器运维操作命令

| 选 项 | 命 令 |
| --- | --- |
| Attach | 连接到正在运行中的容器 |
| export | 将文件系统作为一个 tar 归档文件导出到 STDOUT |
| inspect | 获取容器/镜像的元数据 |
| port | 列出指定的容器的端口映射，或者查找将 PRIVATE_PORT NAT 到面向公众的端口 |
| ps | 列出容器 |
| top | 查看容器中运行的进程信息，支持 ps 命令参数 |
| wait | 阻塞运行直到容器停止，然后打印出它的退出代码 |
| diff | 检查容器里文件结构的更改 |
| cp | 用于容器与主机之间的数据复制 |

### 8. 容器资源管理

容器资源管理对应的命令解释如表 2-7 所示。

表 2-7 容器资源管理命令

| 选 项 | 命 令 |
| --- | --- |
| volume | 数据卷操作 |
| network | 容器网络操作 |

# 第 3 章

# Docker 应用进阶

 本章学习目标

- 了解 Docker 的常用命令。
- 了解 Docker 的实践容器原理。
- 熟悉 Docker 图形化管理应用。

本章首先向读者介绍 Docker 的基础命令，再进一步介绍 Docker 的实践原理，最后介绍 Docker 图形化管理和监控的过程。

## 3.1 容器镜像实践

步骤 1：创建文件夹，代码如下。

```
mkdir webimage
cd webimage/
```

步骤 2：创建文件，代码如下。

```
touch index.html
vim index.html
```

步骤 3：使用 vim 在 index.html 中编写首页代码，代码如下。

```
<!DOCTYPE html>
<html lang="en">
<head>
    <meta charset="utf-8">
    <title>首页</title>
</head>
<body>我自己的 nginx 镜像 服务器首页</body>
</html>
```

步骤 4：生成 Docker，代码如下。

```
touch Dockerfile
vim Dockerfile
```

步骤 5：使用 vim 在 Dockerfile 文件中编写代码，代码如下。

```
FROM nginx:latest
COPY index.html /usr/share/nginx/html
EXPOSE 80 443
CMD ["nginx", "-g", "daemon off;"]
```

步骤 6：基于 nginx 作为底层镜像，将 index.html 复制到 nginx 中，暴露 80 443 端口，执行命令（不允许 nginx 后台运行，在 Docker 容器里直接运行），代码如下。

```
nginx -g daemon off
```

步骤 7：申请一个 Docker 账号，界面如图 3-1 所示。

- 登录 https://hub.docker.com/。
- 若没有账号，准备一个邮箱注册一个账号。
- 注册好之后，记住自己的 dockerID，示例中注册一个名为 dooxo 的账号。
- 通常情况下，可在垃圾邮箱中找到激活邮件，激活邮箱之后才可以使用。

步骤 8：配置环境变量 Dockerid，代码如下。

```
export DOCKERID=dooxo
echo $DOCKERID
```

步骤 9：构建 Docker 镜像，代码如下。

```
docker image build --tag $DOCKERID/webimage:1.0 .
```

代码运行结果如图 3-2 所示。

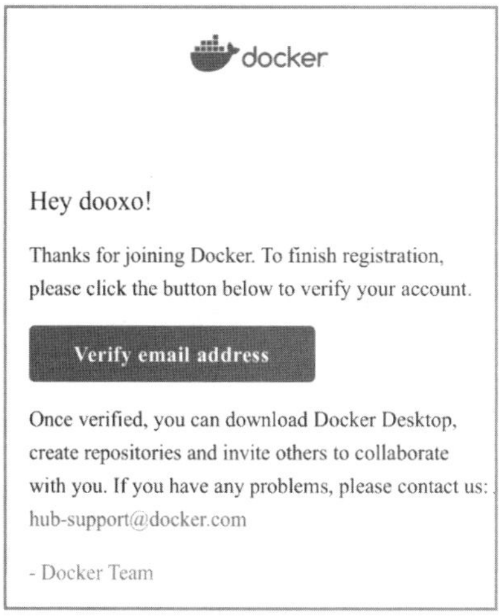

图 3-1　申请 Docker 账号 　　　　图 3-2　构建 Docker 镜像

步骤 10：使用镜像创建容器（-p/--publish 宿主机端口号:容器端口号），代码如下。

```
docker container run -d -p 8090:80 --name mywebimage $DOCKERID/webimage:1.0
```

代码运行结果如图 3-3 所示。

```
[root@localhost ~]# docker container run  -d -p 8090:80 --name mywebimage $DOCKERID webimage
bb692f546d91d18cf349eb1db4316583ee7a11b5dcf74dac822b8beba5d0519d
```

图 3-3　镜像创建容器

创建成功后打开地址，如图 3-4 所示。

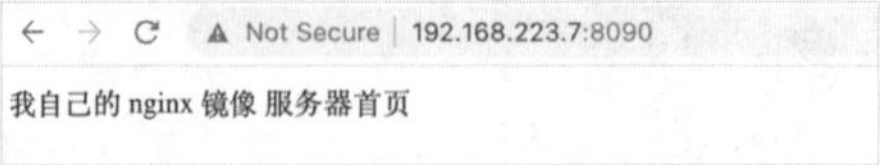


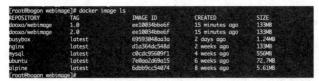

图 3-4　nginx 服务器首页

步骤 11：接着删除 mywebimage 容器，代码如下。

```
docker container rm --force mywebimage
```

步骤 12：上传你的镜像，构建 tag2.0 的镜像，代码如下。

```
docker image build --tag $DOCKERID /webimage:2.0
```

步骤 13：查看本地镜像，代码如下。

```
docker image ls
docker image ls -f reference="$DOCKERID/*"
```

代码运行结果如图 3-5 所示。

```
[root@bogon webimage]# docker image ls
REPOSITORY        TAG        IMAGE ID        CREATED           SIZE
dooxo/webimage    1.0        ee10034bbe6f    15 minutes ago    133MB
dooxo/webimage    2.0        ee10034bbe6f    15 minutes ago    133MB
busybox           latest     69593048aa3a    2 days ago        1.24MB
nginx             latest     d1a364dc548d    2 weeks ago       133MB
mysql             latest     c0cdc95609f1    4 weeks ago       556MB
ubuntu            latest     7e0aa2d69a15    6 weeks ago       72.7MB
alpine            latest     6dbb9cc54074    8 weeks ago       5.61MB
[root@bogon webimage]#
```

图 3-5　镜像仓库

步骤 14：登录到 docker hub，代码如下。

```
docker login
```

代码运行结果如图 3-6 所示。

```
[root@localhost ~]# docker login
Login with your Docker ID to push and pull images from Docker Hub. If you don't have a Docker ID, he
ad over to https://hub.docker.com to create one.
Username:
```

图 3-6　docker hub 登录界面

步骤 15：上传镜像，代码如下。

```
docker image push $DOCKERID/webimage:1.0
```

代码运行结果如图 3-7 所示。

```
[root@localhost webimage]# docker image push $DOCKERID/webimage:1.0
The push refers to repository [docker.io/yank9264/webimage]
afd995ae8702: Pushed
762b147902c0: Mounted from library/nginx
235e04e3592a: Mounted from library/nginx
6173b6fa63db: Mounted from library/nginx
9a94c4a55fe4: Mounted from library/nginx
9a3a6af98e18: Pushed
7d0ebbe3f5d2: Mounted from library/nginx
Head "https://registry-1.docker.io/v2/yank9264/webimage/blobs/sha256:42cb84408817dbf9c2ec9450f8e5872023ff919dc64f6893af2b84e
8408c": net/http: TLS handshake timeout
[root@localhost webimage]#
```

图 3-7　上传镜像

## 3.2 容器互联实践

### 3.2.1 容器互联

**1. 运行 Docker 容器的 3 种常用方法**

（1）执行任务：shell 脚本或者自定义 App。

（2）交互式运行：类似 ssh 登录服务器。

（3）后台运行：像长时间守护进程一样运行，如网站、数据库等。

**2. Docker 容器运行单次任务**

步骤 1：查看当前容器的容器名，代码如下。

```
docker container run alpine hostname
```

代码运行结果如图 3-8 所示。

图 3-8　查看当前容器名

步骤 2：查看当前所有容器，代码如下。

```
docker container ls --all
```

代码运行结果如图 3-9 所示。

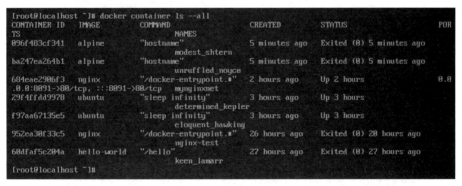

图 3-9　查看所有容器

可以看到容器 hostname 就是它的 container id，而且容器执行完任务后都处于 Exited 状态，而之前安装的 nginx 网页服务器状态一直在运行。

### 3.2.2 运行一个交互器

步骤 1：实现在 Centos 系统上运行 Ubuntu 系统容器，代码如下。

```
docker container run -i --tty --rm ubuntu bash
```

代码命令解释如下。

-i/--interactive 交互式进入 Docker 容器。

--tty 分配一个伪终端。

--rm 容器运行之后删除容器。

代码运行结果如图 3-10 所示，Bash shell 模式进入容器，正常显示为 root@<container id>:/#。

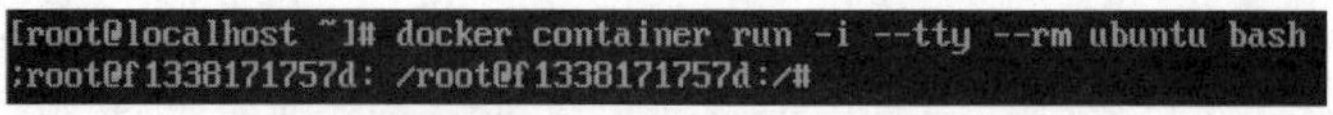

```
[root@localhost ~]# docker container run -i --tty --rm ubuntu bash
;root@f1338171757d: /root@f1338171757d:/#
```

图 3-10　Ubuntu 系统容器

步骤 2：使用 ls 命令查看容器的根目录，代码如下。

```
root@f1338171757d:/# ls
```

代码运行结果如图 3-11 所示。

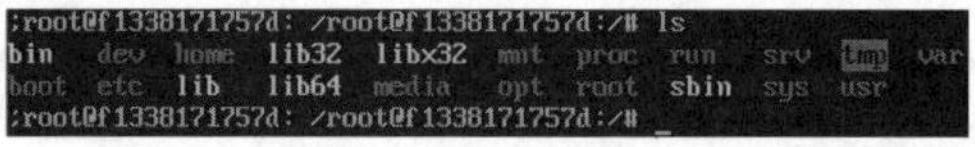

```
;root@f1338171757d: /root@f1338171757d:/# ls
bin   dev  home  lib32  libx32  mnt  proc  run   srv  tmp  var
boot  etc  lib   lib64  media   opt  root  sbin  sys  usr
;root@f1338171757d: /root@f1338171757d:/# _
```

图 3-11　容器的根目录

步骤 3：使用 ps aux 命令查看容器内进程，代码如下。

```
root@f1338171757d:/# ps aux
```

代码运行结果如图 3-12 所示。

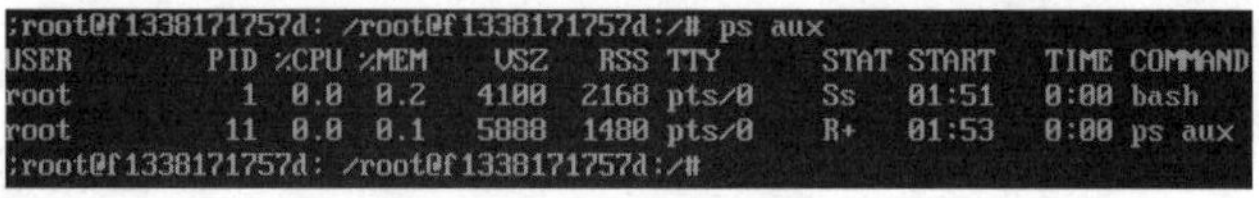

```
;root@f1338171757d: /root@f1338171757d:/# ps aux
USER        PID %CPU %MEM    VSZ   RSS TTY      STAT START   TIME COMMAND
root          1  0.0  0.2   4100  2168 pts/0    Ss   01:51   0:00 bash
root         11  0.0  0.1   5888  1480 pts/0    R+   01:53   0:00 ps aux
;root@f1338171757d: /root@f1338171757d:/#
```

图 3-12　容器内进程

步骤 4：使用 exit 命令退出容器，由于加了--rm，Docker 容器结束之后会被删除，再次列出全部容器，代码如下。

```
docker container ls --all
```

代码运行结果如图 3-13 所示。

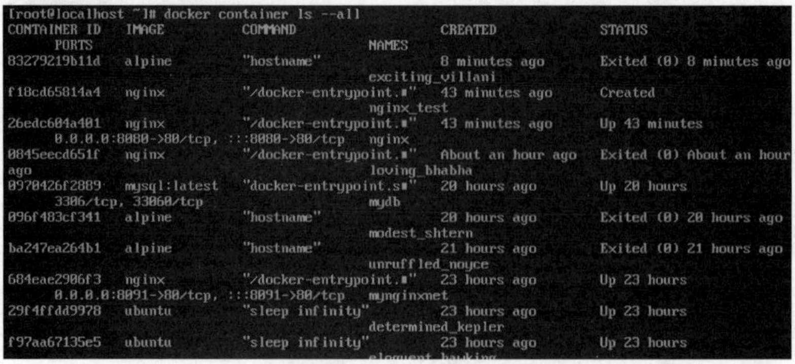

```
[root@localhost ~]# docker container ls --all
CONTAINER ID   IMAGE          COMMAND                  CREATED             STATUS
     PORTS                                   NAMES
83279219b11d   alpine         "hostname"               8 minutes ago       Exited (0) 8 minutes ago
                                             exciting_villani
f18cd65814a4   nginx          "/docker-entrypoint.…"   43 minutes ago      Created
                                             nginx_test
26edc604a401   nginx          "/docker-entrypoint.…"   43 minutes ago      Up 43 minutes
     0.0.0.0:8080->80/tcp, :::8080->80/tcp   nginx
0845eecd651f   nginx          "/docker-entrypoint.…"   About an hour ago   Exited (0) About an hour
ago                                          loving_bhabha
0970426f2889   mysql:latest   "docker-entrypoint.s…"   20 hours ago        Up 20 hours
     3306/tcp, 33060/tcp                     mydb
096f483cf341   alpine         "hostname"               20 hours ago        Exited (0) 20 hours ago
                                             modest_shtern
ba247ea264b1   alpine         "hostname"               21 hours ago        Exited (0) 21 hours ago
                                             unruffled_noyce
684eae2906f3   nginx          "/docker-entrypoint.…"   23 hours ago        Up 23 hours
     0.0.0.0:8091->80/tcp, :::8091->80/tcp   mynginxnet
29f4ffdd9978   ubuntu         "sleep infinity"         23 hours ago        Up 23 hours
                                             determined_kepler
f97aa67135e5   ubuntu         "sleep infinity"         23 hours ago        Up 23 hours
```

图 3-13　所有容器界面

## 3.2.3　运行一个后台进程容器

步骤 1：运行一个 mysql 数据库，代码如下。

```
docker run -d --name mydb -e MYSQL_ROOT_PASSWORD=123456 mysql:latest
```

命令解释说明如下。

--detach/-d 后台运行。

--name 容器名字设置。

-e 设置一个环境变量。

步骤 2：查看运行中的容器，代码如下。

```
docker container ls
docker ps
```

代码运行结果如图 3-14 所示。

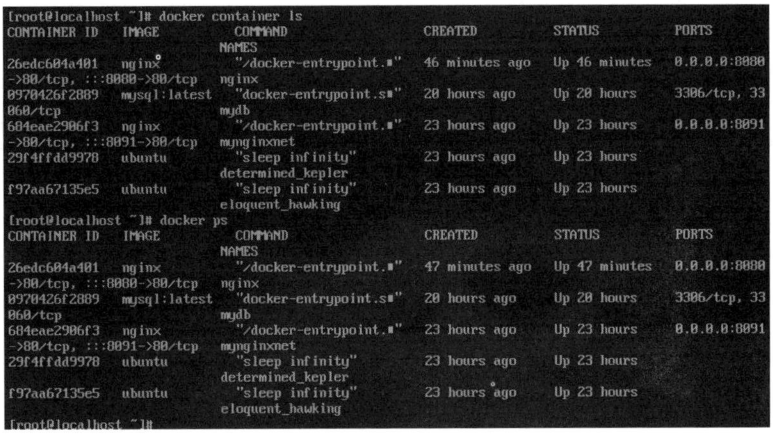

```
[root@localhost ~]# docker container ls
CONTAINER ID   IMAGE          COMMAND                  CREATED          STATUS          PORTS
               NAMES
26edc604a401   nginx          "/docker-entrypoint.…"   46 minutes ago   Up 46 minutes   0.0.0.0:8080
->80/tcp, :::8080->80/tcp   nginx
0970426f2889   mysql:latest   "docker-entrypoint.s…"   20 hours ago     Up 20 hours     3306/tcp, 33
060/tcp                     mydb
684eae2906f3   nginx          "/docker-entrypoint.…"   23 hours ago     Up 23 hours     0.0.0.0:8091
->80/tcp, :::8091->80/tcp   mynginxnet
29f4ffdd9978   ubuntu         "sleep infinity"         23 hours ago     Up 23 hours
               determined_kepler
f97aa67135e5   ubuntu         "sleep infinity"         23 hours ago     Up 23 hours
               eloquent_hawking
[root@localhost ~]# docker ps
CONTAINER ID   IMAGE          COMMAND                  CREATED          STATUS          PORTS
               NAMES
26edc604a401   nginx          "/docker-entrypoint.…"   47 minutes ago   Up 47 minutes   0.0.0.0:8080
->80/tcp, :::8080->80/tcp   nginx
0970426f2889   mysql:latest   "docker-entrypoint.s…"   20 hours ago     Up 20 hours     3306/tcp, 33
060/tcp                     mydb
684eae2906f3   nginx          "/docker-entrypoint.…"   23 hours ago     Up 23 hours     0.0.0.0:8091
->80/tcp, :::8091->80/tcp   mynginxnet
29f4ffdd9978   ubuntu         "sleep infinity"         23 hours ago     Up 23 hours
               determined_kepler
f97aa67135e5   ubuntu         "sleep infinity"         23 hours ago     Up 23 hours
               eloquent_hawking
[root@localhost ~]#
```

图 3-14　运行中的容器

步骤 3：查看容器的日志，代码如下。

```
docker logs mydb
```

代码运行结果如图 3-15 所示。

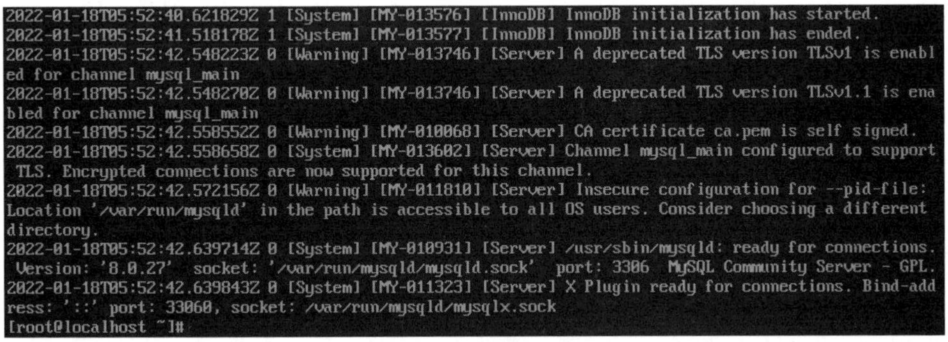

```
2022-01-18T05:52:40.621829Z 1 [System] [MY-013576] [InnoDB] InnoDB initialization has started.
2022-01-18T05:52:41.518178Z 1 [System] [MY-013577] [InnoDB] InnoDB initialization has ended.
2022-01-18T05:52:42.548223Z 0 [Warning] [MY-013746] [Server] A deprecated TLS version TLSv1 is enabl
ed for channel mysql_main
2022-01-18T05:52:42.548270Z 0 [Warning] [MY-013746] [Server] A deprecated TLS version TLSv1.1 is ena
bled for channel mysql_main
2022-01-18T05:52:42.558555Z 0 [Warning] [MY-010068] [Server] CA certificate ca.pem is self signed.
2022-01-18T05:52:42.558658Z 0 [System] [MY-013602] [Server] Channel mysql_main configured to support
 TLS. Encrypted connections are now supported for this channel.
2022-01-18T05:52:42.572156Z 0 [Warning] [MY-011810] [Server] Insecure configuration for --pid-file:
Location '/var/run/mysqld' in the path is accessible to all OS users. Consider choosing a different
directory.
2022-01-18T05:52:42.639714Z 0 [System] [MY-010931] [Server] /usr/sbin/mysqld: ready for connections.
 Version: '8.0.27'  socket: '/var/run/mysqld/mysqld.sock'  port: 3306  MySQL Community Server - GPL.
2022-01-18T05:52:42.639843Z 0 [System] [MY-011323] [Server] X Plugin ready for connections. Bind-add
ress: '::' port: 33060, socket: /var/run/mysqld/mysqlx.sock
[root@localhost ~]#
```

图 3-15　容器日志

步骤 4：查看容器中的进程，代码如下。

```
docker top mydb
```

代码运行结果如图 3-16 所示。

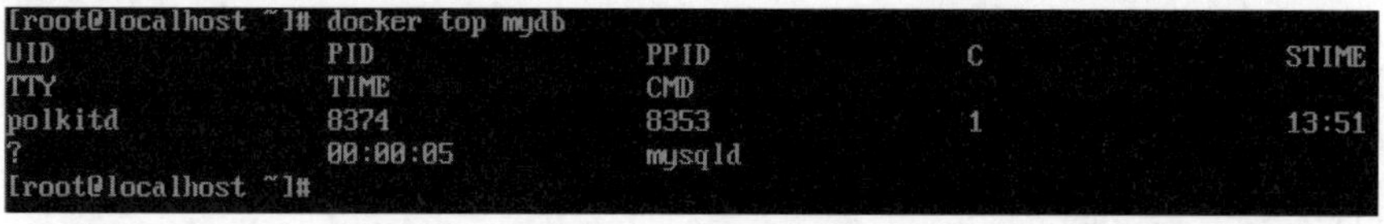

图 3-16　运行进程图

可以看到 mysqld 在容器中运行，即使 mysqld 在运行，但是它还是独立的，因为网络端口没有暴露出来，不能连通该容器对应的服务。

步骤 5：尝试查看 mysql 的版本号，代码如下。

```
docker exec -it mydb mysql --user=root --password=$MYSQL_ROOT_PASSWORD -version
```

代码运行结果如图 3-17 所示。

图 3-17　mysql 版本号

步骤 6：用 docker exec 执行 sh 命令，进入终端，代码如下。

```
docker exec -it mydb sh
```

代码运行结果如图 3-18 所示。

图 3-18　进入终端

## 3.2.4　映射数据卷到容器

回顾上节课中的 nginx 命令，每当修改网站首页时，都需要进入容器，再到/usr/share/nginx/html 中进行修改。利用下面介绍的方法可以直接映射宿主机的文件到容器，这样直接修改宿主机文件即可直接修改容器数据了。

步骤 1：挂载宿主机文件到容器，代码如下。

```
mkdir myweb
cd ~/myweb
touch index.html
vim index.html
```

修改 index.html 内容如下。

```
<!Doctype html>
<html>
```

```
    <head>
<meta charset="utf-8"/>
<title>首页</title>
    </head>
    <body>我是宿主机上的文件</body>
</html>
```

步骤 2：停止原来的 mynginx 容器，删除原来的 mynginx 容器（如果没有则跳过），代码如下。

```
docker ps
docker stop mynginx
docker rm mynginx
```

代码运行结果如图 3-19 所示。

图 3-19　停止原来的 mynginx 并删除容器

步骤 3：挂载宿主机文件到容器()-v 宿主机目录：容器目录()，代码如下。

```
sudo docker run --name mynginx -p 8080:80 -d -v /root/myweb:/usr/share/nginx/html nginx
```

代码运行结果如图 3-20 所示。

图 3-20　nginx 登录界面

步骤 4：创建数据卷映射到容器，代码如下。

```
docker volume create my-htmlweb
```

然后使用 inspect 命令查看 my-htmlweb 配置，代码如下。

```
docker volume inspect my-htmlweb
```

体积也是绕过容器的文件系统，直接将数据写到主机机器上，只是体积是被 docker 管理的，docker 下所有的体积都在主机机器上的指定目录下/var/lib/docker/volumes。

代码运行结果如图 3-21 所示。

步骤 5：查看 my-htmlweb 文件夹下的_data 文件，代码如下。

```
cd /var/lib/docker/volumes/my-htmlweb/_data
touch index.html
vim index.html
```

```
[root@localhost myweb]# docker volume create my-htmlweb
my-htmlweb
[root@localhost myweb]# docker volume inspect my-htmlweb
[
    {
        "CreatedAt": "2022-02-10T10:41:45+08:00",
        "Driver": "local",
        "Labels": {},
        "Mountpoint": "/var/lib/docker/volumes/my-htmlweb/_data",
        "Name": "my-htmlweb",
        "Options": {},
        "Scope": "local"
    }
]
[root@localhost myweb]#
```

图 3-21  创建数据卷映射到容器

编写 index.html 文件内容，代码如下。

```
<!Doctype html>
<html>
    <head>
<meta charset="utf-8"/>
<title>首页</title>
    </head>
    <body>我是数据卷上的文件</body>
</html>
```

步骤 6：创建 index.html 文件后，再重新启动 nginx，并把原来 mynginx 文件中使用的 rm 命令删除，代码如下。

```
docker ps
docker stop mynginx
docker rm mynginx
```

步骤 7：将修改后的数据卷文件挂载到 nginx 上去，代码如下。

```
sudo docker run --name mynginx -p 8080:80 -d -v my-htmlweb:/usr/share/nginx/html nginx
```

代码运行结果如图 3-22 所示。

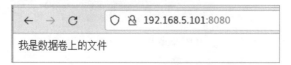

图 3-2  映射数据卷修改页面数据

## 3.3 容器网络实践

### 3.3.1 Docker 网络

查看 docker network 命令的相关操作，代码如下。

```
docker network
```

代码运行结果如图 3-23 所示。

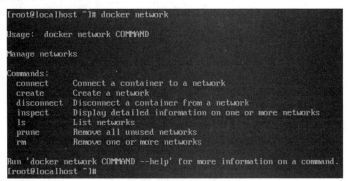

图 3-23　Docker 网络模式

docker network 命令的相关操作如下。

（1）connect：将某个容器连接到一个 Docker 网络。

（2）create：创建一个 Docker 局域网络。

（3）disconnect：将某个容器退出某个局域网络。

（4）inspect：显示某个局域网络信息。

（5）ls：显示所有 Docker 局域网络。

（6）prune：删除所有未引用的 Docker 局域网络。

（7）rm：删除 Docker 网络。

步骤 1：列出 Docker 网络，代码如下。

```
docker network ls
```

代码运行结果如图 3-24 所示。

图 3-24　Docker 网络

步骤 2：查看网桥网络，注意桥接网络驱动命名和网络名一样的 bridge，代码如下。

```
docker network inspect bridge
```

代码运行结果如图 3-25 所示。

步骤 3：安装网桥工具，代码如下。

```
sudo yum install bridge-utils
```

代码运行结果如图 3-26 所示。

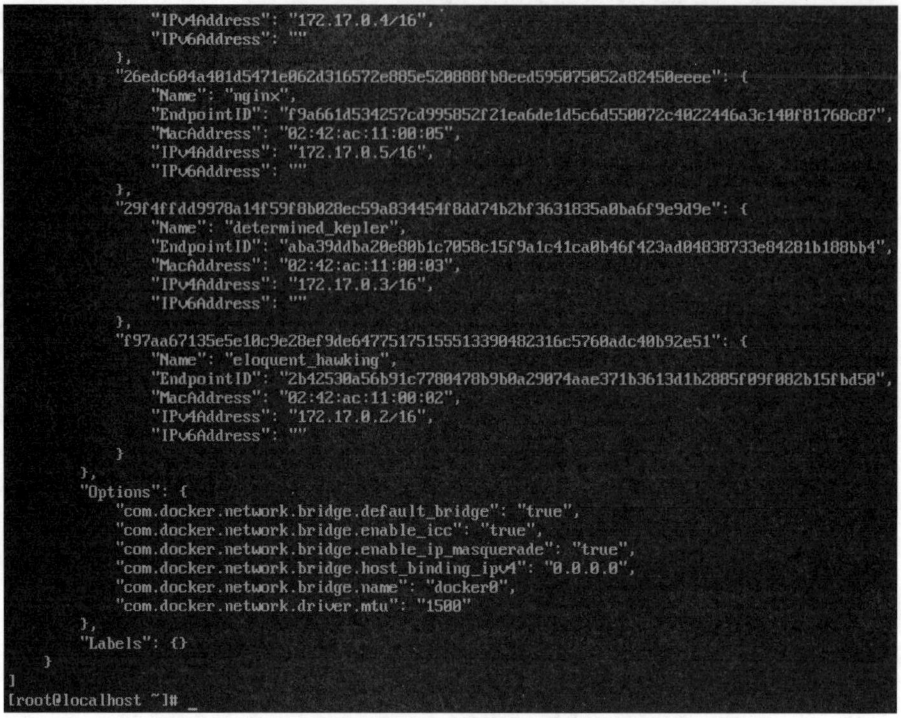

```
                "IPv4Address": "172.17.0.4/16",
                "IPv6Address": ""
            },
            "26edc604a401d5471e062d316572e885e520888fb8eed595075052a82450eeee": {
                "Name": "nginx",
                "EndpointID": "f9a661d534257cd995852f21ea6de1d5c6d550072c4022446a3c140f81768c87",
                "MacAddress": "02:42:ac:11:00:05",
                "IPv4Address": "172.17.0.5/16",
                "IPv6Address": ""
            },
            "29f4ffdd9978a14f59f8b028ec59a834454f8dd74b2bf3631835a0ba6f9e9d9e": {
                "Name": "determined_kepler",
                "EndpointID": "aba39ddba20e80b1c7058c15f9a1c41ca0b46f423ad04838733e84281b188bb4",
                "MacAddress": "02:42:ac:11:00:03",
                "IPv4Address": "172.17.0.3/16",
                "IPv6Address": ""
            },
            "f97aa67135e5e10c9e28ef9de64775175155513390482316c5760adc40b92e51": {
                "Name": "eloquent_hawking",
                "EndpointID": "2b42530a56b91c7780478b9b0a29074aae371b3613d1b2885f09f082b15fbd50",
                "MacAddress": "02:42:ac:11:00:02",
                "IPv4Address": "172.17.0.2/16",
                "IPv6Address": ""
            }
        },
        "Options": {
            "com.docker.network.bridge.default_bridge": "true",
            "com.docker.network.bridge.enable_icc": "true",
            "com.docker.network.bridge.enable_ip_masquerade": "true",
            "com.docker.network.bridge.host_binding_ipv4": "0.0.0.0",
            "com.docker.network.bridge.name": "docker0",
            "com.docker.network.driver.mtu": "1500"
        },
        "Labels": {}
    }
]
[root@localhost ~]# _
```

图 3-25　网桥网络信息

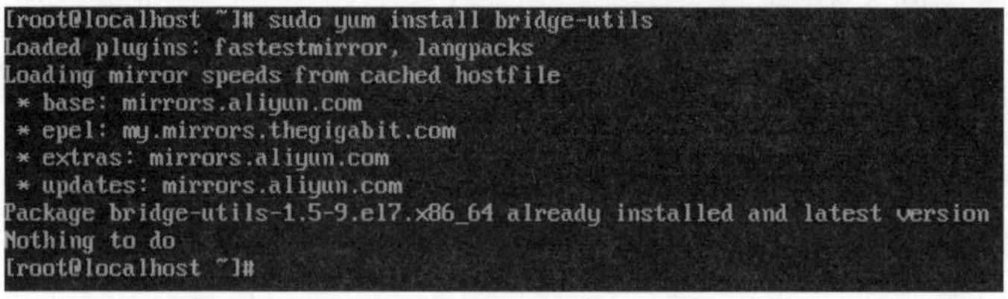

```
[root@localhost ~]# sudo yum install bridge-utils
Loaded plugins: fastestmirror, langpacks
Loading mirror speeds from cached hostfile
 * base: mirrors.aliyun.com
 * epel: my.mirrors.thegigabit.com
 * extras: mirrors.aliyun.com
 * updates: mirrors.aliyun.com
Package bridge-utils-1.5-9.el7.x86_64 already installed and latest version
Nothing to do
[root@localhost ~]#
```

图 3-26　安装网桥工具

步骤 4：列出宿主机的网桥信息，代码如下。

```
brctl show
```

代码运行结果如图 3-27 所示。

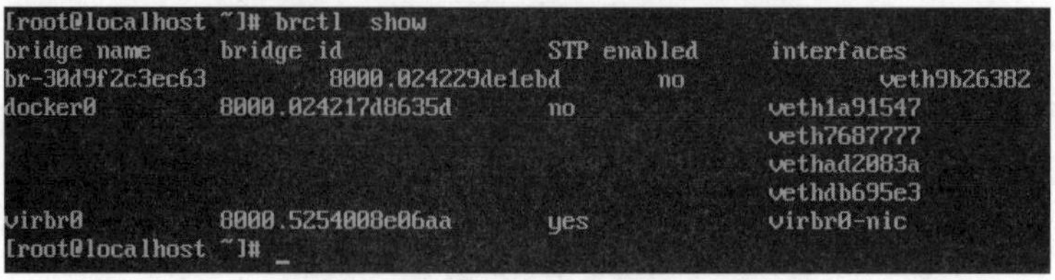

```
[root@localhost ~]# brctl  show
bridge name     bridge id               STP enabled     interfaces
br-30d9f2c3ec63         8000.024229de1ebd       no              veth9b26382
docker0         8000.024217d8635d       no              veth1a91547
                                                        veth7687777
                                                        vethad2083a
                                                        vethdb695e3
virbr0          8000.5254008e06aa       yes             virbr0-nic
[root@localhost ~]# _
```

图 3-27　宿主机的网桥信息

## 3.3.2　网络连接容量

步骤 1：创建一个新的容器，代码如下。

```
docker run -dt ubuntu sleep infinity
```

代码运行结果如图 3-28 所示。

```
[root@localhost ~]# docker run -dt ubuntu sleep infinity
a8875ae80a57e4c4de36726b01260fae6b8e7d12557aa4ad5982a76a86826ec3
[root@localhost ~]#
```

图 3-28　创建新容器

步骤 2：创建一个基于 Ubuntu 镜像的后台进程，查看网桥信息，代码如下。

```
brctl show
```

可以看到，新建的容器直接和 docker0 链接，代码运行结果如图 3-29 所示。

```
[root@localhost ~]# brctl show
bridge name     bridge id               STP enabled     interfaces
br-30d9f2c3ec63         8000.024229de1ebd       no              veth9b26382
docker0         8000.024217d8635d       no              veth1a91547
                                                                veth7607870
                                                                veth7687777
                                                                vethad2083a
                                                                vethdb695e3
virbr0          8000.5254008e06aa       yes             virbr0-nic
[root@localhost ~]#
```

图 3-29　网桥信息

步骤 3：可以用 inspect 命令查看 bridge 桥接网络有多少个容器链接，代码如下。

```
docker network inspect bridge
```

代码运行结果如图 3-30 所示。

图 3-30　桥接网络信息

步骤 4：可以用 ip a 命令查看更多网卡信息，代码如下。

```
ip a
```

代码运行结果如图 3-31 所示。

```
7: veth7687777@if6: <BROADCAST,MULTICAST,UP,LOWER_UP> mtu 1500 qdisc noqueue master docker0 state UP
 group default
    link/ether 62:80:fb:9e:42:e7 brd ff:ff:ff:ff:ff:ff link-netnsid 0
    inet6 fe80::6080:fbff:fe9e:42e7/64 scope link
       valid_lft forever preferred_lft forever
9: vethdb695e3@if8: <BROADCAST,MULTICAST,UP,LOWER_UP> mtu 1500 qdisc noqueue master docker0 state UP
 group default
    link/ether 0e:6a:64:ea:6e:64 brd ff:ff:ff:ff:ff:ff link-netnsid 1
    inet6 fe80::c6a:64ff:feea:6e64/64 scope link
       valid_lft forever preferred_lft forever
10: br-30d9f2c3ec63: <BROADCAST,MULTICAST> mtu 1500 qdisc noqueue state DOWN group default
    link/ether 02:42:29:de:1e:bd brd ff:ff:ff:ff:ff:ff
12: veth9b26382@if11: <BROADCAST,MULTICAST,UP,LOWER_UP> mtu 1500 qdisc noqueue master br-30d9f2c3ec6
3 state UP group default
    link/ether 12:bc:7e:49:f1:1b brd ff:ff:ff:ff:ff:ff link-netnsid 2
    inet6 fe80::10bc:7eff:fe49:f11b/64 scope link
       valid_lft forever preferred_lft forever
20: veth1a91547@if19: <BROADCAST,MULTICAST,UP,LOWER_UP> mtu 1500 qdisc noqueue master docker0 state
UP group default
    link/ether 1a:a4:04:ce:a4:1a brd ff:ff:ff:ff:ff:ff link-netnsid 3
    inet6 fe80::18a4:4ff:fece:a41a/64 scope link
       valid_lft forever preferred_lft forever
24: vethad2083a@if23: <BROADCAST,MULTICAST,UP,LOWER_UP> mtu 1500 qdisc noqueue master docker0 state
UP group default
    link/ether 56:d3:55:a4:2d:8b brd ff:ff:ff:ff:ff:ff link-netnsid 4
    inet6 fe80::54d3:55ff:fea4:2d8b/64 scope link
       valid_lft forever preferred_lft forever
```

图 3-31　网卡信息

### 3.3.3　检查网络是否连接容器

步骤 1：查看宿主机是否可以连通容器，代码如下。

```
ping -c5 192.168.10.129
```

代码运行结果如图 3-32 所示。

```
[root@localhost ~]# ping -c5 192.168.10.129
PING 192.168.10.129 (192.168.10.129) 56(84) bytes of data.
64 bytes from 192.168.10.129: icmp_seq=1 ttl=64 time=0.131 ms
64 bytes from 192.168.10.129: icmp_seq=2 ttl=64 time=0.044 ms
64 bytes from 192.168.10.129: icmp_seq=3 ttl=64 time=0.045 ms
64 bytes from 192.168.10.129: icmp_seq=4 ttl=64 time=0.042 ms
64 bytes from 192.168.10.129: icmp_seq=5 ttl=64 time=0.046 ms
```

图 3-32　ping 路由 IP

步骤 2：说明宿主机可以连通刚才创建的容器，接下来检查容器内是否可以通过网桥模式链接到宿主机，代码如下。

```
docker ps
```

代码运行结果如图 3-33 所示。

```
[root@localhost ~]# docker ps
CONTAINER ID   IMAGE          COMMAND                  CREATED           STATUS             PORTS
      NAMES
a8875ae80a57   ubuntu         "sleep infinity"         14 minutes ago    Up 14 minutes
      jovial_turing
26edc604a401   nginx          "/docker-entrypoint.…"   About an hour ago Up About an hour   0.0.0.
0:8080->80/tcp, :::8080->80/tcp   nginx
0970426f2889   mysql:latest   "docker-entrypoint.s…"   21 hours ago      Up 21 hours        3306/t
cp, 33060/tcp         mydb
684eae2906f3   nginx          "/docker-entrypoint.…"   23 hours ago      Up 23 hours        0.0.0.
0:8091->80/tcp, :::8091->80/tcp   mynginxnet
29f4ffdd9978   ubuntu         "sleep infinity"         24 hours ago      Up 24 hours
      determined_kepler
f97aa67135e5   ubuntu         "sleep infinity"         24 hours ago      Up 24 hours
      eloquent_hawking
[root@localhost ~]#
```

图 3-33　检查容器

步骤 3：找到容器 id 并进入容器，代码如下。

```
docker exec -it f97aa67135e5 /bin/bash
```

代码运行结果如图 3-34 所示。

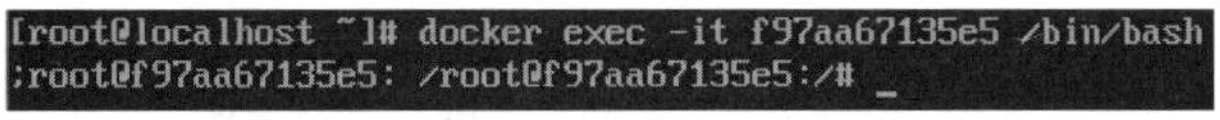

```
[root@localhost ~]# docker exec -it f97aa67135e5 /bin/bash
;root@f97aa67135e5: /root@f97aa67135e5:/# _
```

图 3-34　进入容器

步骤 4：在容器内部安装 ping 命令，代码如下。

```
apt-get update && apt-get install -y iputils-ping
```

代码运行结果如图 3-35 所示。

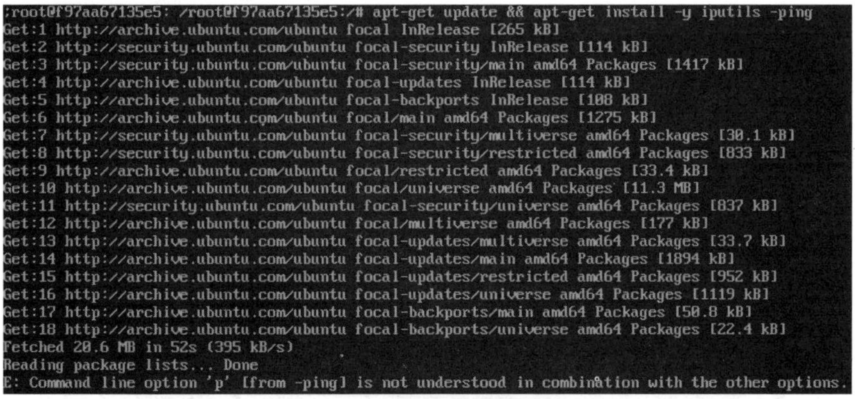

```
;root@f97aa67135e5: /root@f97aa67135e5:/# apt-get update && apt-get install -y iputils -ping
Get:1 http://archive.ubuntu.com/ubuntu focal InRelease [265 kB]
Get:2 http://security.ubuntu.com/ubuntu focal-security InRelease [114 kB]
Get:3 http://security.ubuntu.com/ubuntu focal-security/main amd64 Packages [1417 kB]
Get:4 http://archive.ubuntu.com/ubuntu focal-updates InRelease [114 kB]
Get:5 http://archive.ubuntu.com/ubuntu focal-backports InRelease [108 kB]
Get:6 http://archive.ubuntu.com/ubuntu focal/main amd64 Packages [1275 kB]
Get:7 http://security.ubuntu.com/ubuntu focal-security/multiverse amd64 Packages [30.1 kB]
Get:8 http://security.ubuntu.com/ubuntu focal-security/restricted amd64 Packages [833 kB]
Get:9 http://archive.ubuntu.com/ubuntu focal/restricted amd64 Packages [33.4 kB]
Get:10 http://archive.ubuntu.com/ubuntu focal/universe amd64 Packages [11.3 MB]
Get:11 http://security.ubuntu.com/ubuntu focal-security/universe amd64 Packages [837 kB]
Get:12 http://archive.ubuntu.com/ubuntu focal/multiverse amd64 Packages [177 kB]
Get:13 http://archive.ubuntu.com/ubuntu focal-updates/multiverse amd64 Packages [33.7 kB]
Get:14 http://archive.ubuntu.com/ubuntu focal-updates/main amd64 Packages [1894 kB]
Get:15 http://archive.ubuntu.com/ubuntu focal-updates/restricted amd64 Packages [952 kB]
Get:16 http://archive.ubuntu.com/ubuntu focal-updates/universe amd64 Packages [1119 kB]
Get:17 http://archive.ubuntu.com/ubuntu focal-backports/main amd64 Packages [50.8 kB]
Get:18 http://archive.ubuntu.com/ubuntu focal-backports/universe amd64 Packages [22.4 kB]
Fetched 20.6 MB in 52s (395 kB/s)
Reading package lists... Done
E: Command line option 'p' [from -ping] is not understood in combination with the other options.
```

图 3-35　安装 ping 命令

步骤 5：查看是否可以连通外网，代码如下。

```
ping www.baidu.com
```

代码运行结果如图 3-36 所示。

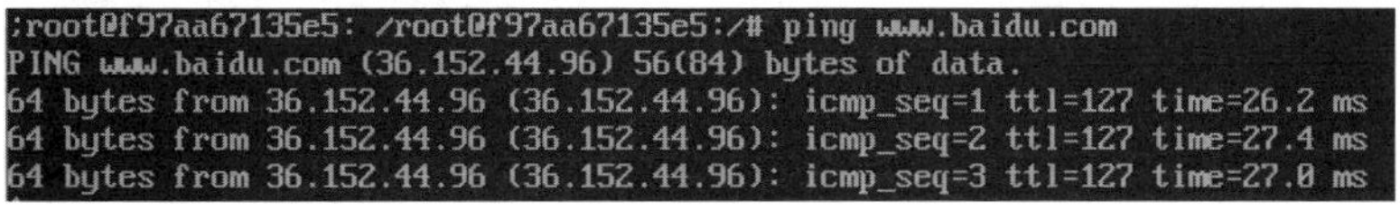

```
;root@f97aa67135e5: /root@f97aa67135e5:/# ping www.baidu.com
PING www.baidu.com (36.152.44.96) 56(84) bytes of data.
64 bytes from 36.152.44.96 (36.152.44.96): icmp_seq=1 ttl=127 time=26.2 ms
64 bytes from 36.152.44.96 (36.152.44.96): icmp_seq=2 ttl=127 time=27.4 ms
64 bytes from 36.152.44.96 (36.152.44.96): icmp_seq=3 ttl=127 time=27.0 ms
```

图 3-36　连通外网

## 3.3.4　创建自己的局域网

步骤 1：创建自己的局域网络，代码如下。

```
docker network create mynet1
```

代码运行结果如图 3-37 所示。

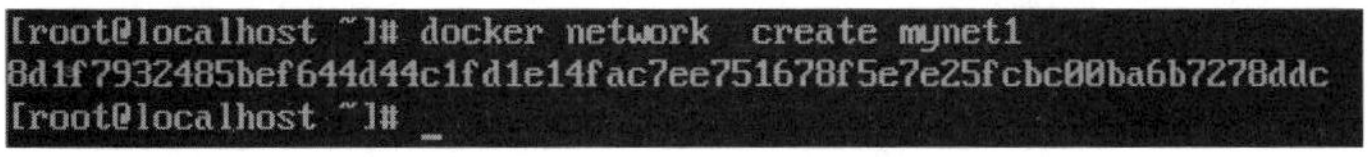

```
[root@localhost ~]# docker network create mynet1
8d1f7932485bef644d44c1fd1e14fac7ee751678f5e7e25fcbc00ba6b7278ddc
[root@localhost ~]# _
```

图 3-37　创建局域网络

步骤 2：列出网络列表，代码如下。

```
docker network ls
```

可以发现多了一个 mynet1 的桥接网络，代码运行结果如图 3-38 所示。

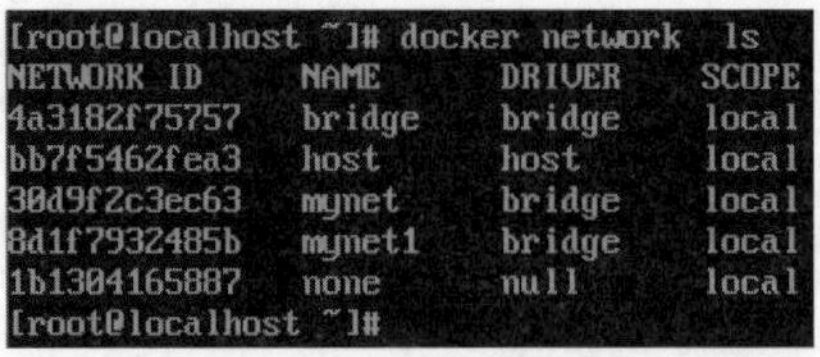

```
[root@localhost ~]# docker network  ls
NETWORK ID     NAME      DRIVER    SCOPE
4a3182f75757   bridge    bridge    local
bb7f5462fea3   host      host      local
30d9f2c3ec63   mynet     bridge    local
8d1f7932485b   mynet1    bridge    local
1b1304165887   none      null      local
[root@localhost ~]#
```

图 3-38　网络列表

步骤 3：可以用 inspect 命令查看 mynet1 有多少个容器链接，代码如下。

```
docker inspect mynet1
```

代码运行结果如图 3-39 所示。

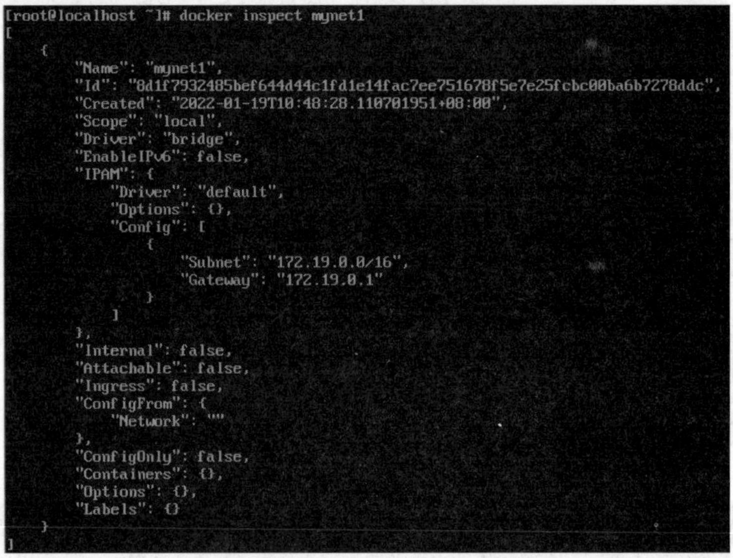

```
[root@localhost ~]# docker inspect mynet1
[
    {
        "Name": "mynet1",
        "Id": "8d1f7932485bef644d44c1fd1e14fac7ee751678f5e7e25fcbc00ba6b7278ddc",
        "Created": "2022-01-19T10:48:28.110701951+08:00",
        "Scope": "local",
        "Driver": "bridge",
        "EnableIPv6": false,
        "IPAM": {
            "Driver": "default",
            "Options": {},
            "Config": [
                {
                    "Subnet": "172.19.0.0/16",
                    "Gateway": "172.19.0.1"
                }
            ]
        },
        "Internal": false,
        "Attachable": false,
        "Ingress": false,
        "ConfigFrom": {
            "Network": ""
        },
        "ConfigOnly": false,
        "Containers": {},
        "Options": {},
        "Labels": {}
    }
]
```

图 3-39　mynet1 信息

步骤 4：为 mynet1 加入容器，生成新的 nginx 链接入 mynet1，代码如下。

```
docker run -d --name mynginxnet1 -p 8091:80 --network mynet1 nginx
```

代码运行结果如图 3-40 所示。

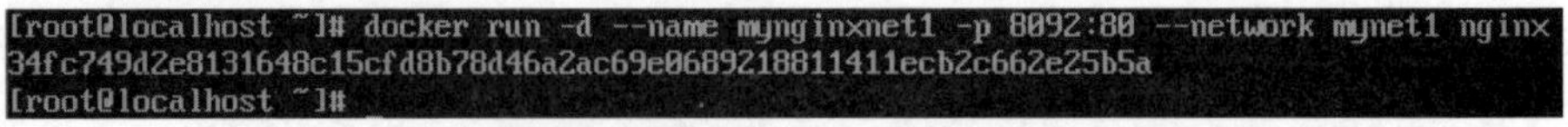

```
[root@localhost ~]# docker run -d --name mynginxnet1 -p 8092:80 --network mynet1 nginx
34fc749d2e8131648c15cfd8b78d46a2ac69e0689218811411ecb2c662e25b5a
[root@localhost ~]#
```

图 3-40　为 mynet1 加入容器

步骤 5：通过查看发现它们都是桥接的，之前认证过桥接容器和宿主机的互相网络连通，代码如下。

```
docker network inspect mynet1
```

代码运行结果如图 3-41 所示。

图 3-41　桥接容器和宿主机的互相网络连通

## 3.4　Docker 图形化管理及监控

### 3.4.1　Docker 常用的可视化（图形化）管理工具

1. Portainer

Portainer 是一款 Docker 可视化管理工具，允许用户在网页中方便地查看和管理 Docker 容器，如图 3-42 和图 3-43 所示。

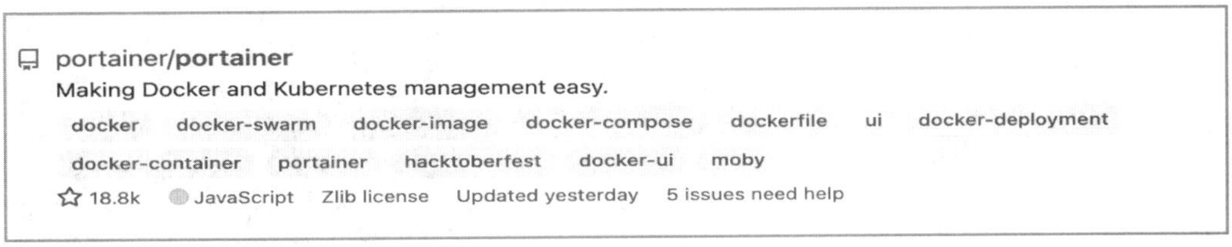

图 3-42　Portainer 工具

2. LazyDocker

LazyDocker 是基于终端的一个可视化查询工具，支持键盘操作和鼠标点击。相比 Portainer 来说，LazyDocker 可能不那么专业，不过对于开发者来说可能反而更好用。因为一般开发者都是使用命令行来运行 Docker，偶尔需要图形化查看时就可以使用 LazyDocker 这个工具，如图 3-44 和图 3-45 所示。

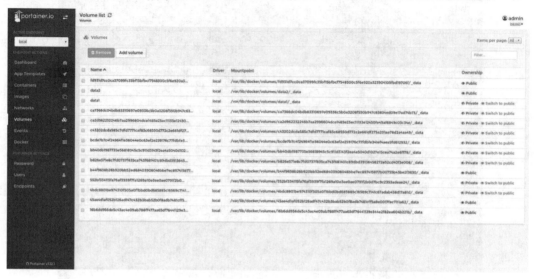

图 3-43　Portainer 界面

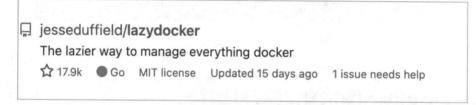

图 3-44　LazyDocker 工具

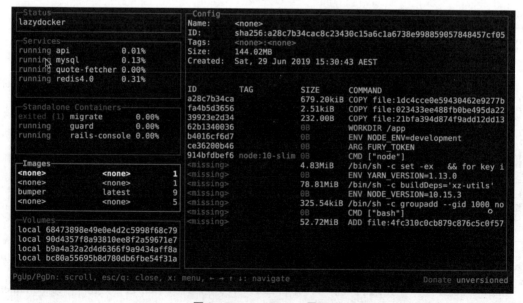

图 3-45　LazyDocker 界面

## 3.4.2 Linux 常用的监控工具

### 1. Linux Dash

Linux Dash 是一个简单易用的 Linux 系统状态监控工具，如图 3-46 和图 3-47 所示。

图 3-46　Linux Dash 工具

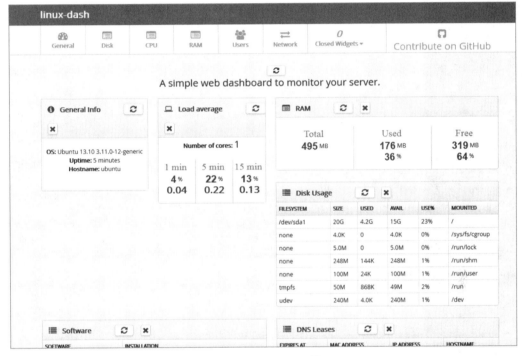

图 3-47　Linux Dash 界面

### 2. Cockpit

Cockpit 是一个免费且开源的基于 Web 的管理工具，系统管理员可以执行如存储管理、网络配置、检查日志、管理容器等任务，如图 3-48 和图 3-49 所示。

图 3-48　Cockpit 工具

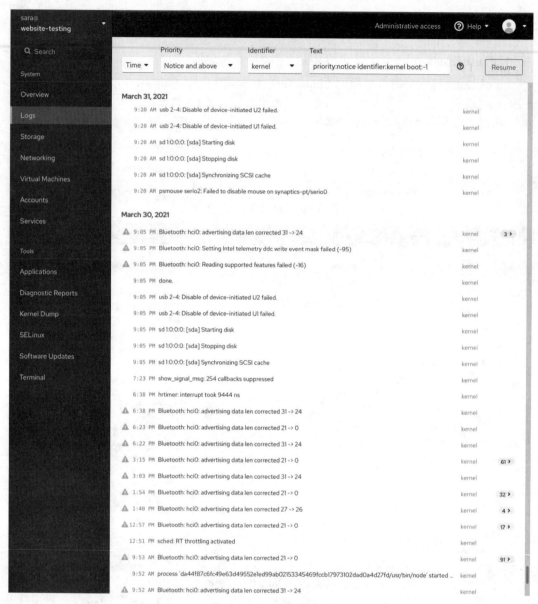

图 3-49　Cockpit 界面

# 第 4 章

# Docker 容器云

 本章学习目标

- 了解 Docker 容器云的构建思路。
- 了解容器的编排与部署。
- 了解 Machine 与虚拟机软件。
- 了解 Swarm 集群抽象工具和 Flynn，以及 Deis 的使用。
- 熟悉容器云搭建过程。

本章首先向读者介绍 Docker 容器云的构建思路，再进一步介绍容器的编排与部署，以及 Swarm 集群抽象工具、Flynn 和 Deis 的使用，最后介绍容器云的搭建过程。

## 4.1 构建容器云

### 4.1.1 云平台的层次架构

云平台层次架构分为 IaaS、PaaS 和 SaaS。

1）IaaS

IaaS 层为基础设施运维人员服务，提供计算、存储、网络及其他基础资源，云平台使用者可以在上面部署和运行包括操作系统和应用程序在内的任意软件，无须再为基础设施的管理而分心。

2）PaaS

PaaS 层为应用开发人员服务，提供支撑应用运行所需的软件运行环境、相关工具与服务，如数据库服务、日志服务、监控服务等，让应用开发者可以专注于核心业务的开发。

3）SaaS

SaaS 层为一般用户服务，提供了一套完整可用的软件系统，让一般用户无须关注技术细节，只需通过浏览器、应用客户端等方式即可使用部署在云上的应用服务。

云平台层次架构如图 4-1 所示。

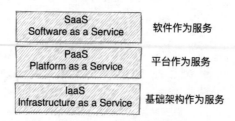

图 4-1　云平台层次架构

### 4.1.2　构建容器云的思路与步骤

#### 1. 用 Docker 搭载电商 App

为了实现 App 的功能，需要 App Server（可以用 Nodejs、PHP、Java、Golang 等实现），用 redis 集群存储系统的 session 信息，EKL 完成系统的日志转发、存储和检索功能。整体系统结构如图 4-2 所示。

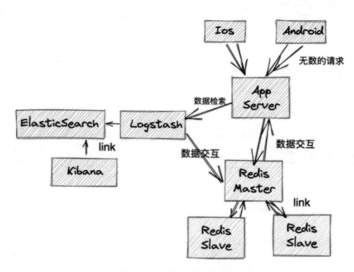

图 4-2　整体系统结构

整个系统全都用容器完成，一个 Dockerfile 就可以完成任意的复制操作。但是上线后如果流量太大，需要负载均衡，这里需要配置静态动态内容分离、URL 重定向等。

在此基础上，应用还要被复制成多份，在负载均衡管理下统一提供对外服务，这对分流、灰度发布、高可用及弹性伸缩都是必需的。基于此，需要添加一个 HAProxy，启动一个完全相同的 App Server，再将两个 App Server 的 IP 和端口配置到 HAProxy。

但是如何保证 App Server 容器失败重启或者升级扩展之后，HAProxy 可以及时更新自己的配置文件呢？这就需要一个组件负责探测容器退出或者创建的事件发生后通知 HAProxy 修改配置文件。基于此，需要所有容器本身的 IP 和端口信息注册到 etcd 中去，再通过 confd 定时查询 etcd 中的数据变化来更新 HAProxy 的配置文件。

## 2. Docker 搭载电商 App 时的问题

（1）容器应用的健康检查怎么处理？

（2）如何保证同一个应用的不同容器实例分布在不同或者指定的节点上？

（3）当宿主节点意外退出时，如何保证该节点的容器能在其他宿主节点上恢复？

（4）如何构建测试—开发—上线完整流程的运行机制？

（5）镜像非常多时，复杂的镜像关系会大大拖延容器的创建和启动速度，如何处理？

（6）挂载 volume 的数据该如何备份？是否需要实现高可用的跨主机迁移？

（7）限制 CPU、内存和磁盘的资源如何才算合理？

容器云的概念就此诞生，最直观的形态就是一个颇具规模的容器集群，容器云中按功能或者依赖敏感性划分成组，不同容器之间完全隔离，组内容器允许一定程度的共享。

容器之间的关系不再简单依靠 docker link 这类原生命令来进行组织，而是借助全局网络管理组件来进行统一治理。

容器云用户也不需要直接面对 Docker API，而是借助某种控制器来完成用户操作到 Docker 容器之间的调用和转译，从而保证底层容器操作对最终用户的友好性。

大多数容器云还会提供完善的容器状态健康检查和高可用支持，并尽可能做到旁路控制而非直接侵入 Docker 体系。容器云会提供一个高效、完善、可配置的调度器，调度器可以说是容器云系统需要解决的第一要务，运维和管理困难程度往往呈指数级上升。

## 3. 基础设施层

基础设施层主要为云服务运行环境以及相应的第三方依赖。

（1）构建服务（Web、App、机器学习等）之前，需要选配稳定、可靠的物理设施。

（2）CPU、内存、硬盘、带宽、视频采集、音频采集等。

（3）可以选择现有云服务或者自购裸机服务器，如图 4-3 所示。

## 4. 业务服务层

为了支持整体项目进展，理清业务，项目需要的数据存储服务、缓存服务、注册服务、日志分析和下单服务等都由该层部署，如图 4-4 所示。

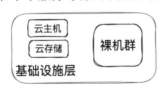

图 4-3　基础设施层

图 4-4　业务服务层

## 5. 容器编排层

由于应用由数十个乃至数百个松散结合的容器式组件构成，而这些组件需要通过相互间的协同合作才能使既定的应用按照设计运作。容器编排是指对单独组件和应用层的工作进行组织的流程，如图 4-5 所示。

### 6. 应用层

在容器技术基础上，对容器进行管理编排，从而实现应用提供接口对外服务，如图 4-6 所示。

图 4-5　容器编排层　　　　　　　图 4-6　应用层

## 4.2　容器的编排与部署

在生产环境中，整个团队需要发布的容器数量可能非常庞大，而容器之间的联系和拓扑结构也可能非常复杂，尤其是企业内部已经运行多年的核心应用服务，往往都是集群化的，并且具备高可用设计（如同步和心跳）或者需要依赖大量复杂的缓存结构，需要关系数据库或者非关系数据库，需要调用其他组服务。

如果依赖人工记录和配置这样复杂的容器关系，并保障集群正常运行、监控、迁移、高可用等常规运维需求，实在是力不从心。

然而在生产环境，尤其是微服务架构中，业务模块一般包含若干个服务，每个服务一般都会部署多个实例。整个系统的部署或启停将涉及多个子服务的部署或启停，而且这些子服务之间还存在强依赖关系，手动操作不仅劳动强度大，而且容易出错。

因此，迫切需要一种像 Dockerfile 定义 Docker 容器一样能够定义容器集群的编排和部署工具，来协助用户解决上述棘手问题。Dockerfile 重现一个容器，Compose 重现容器的配置和集群。

由于 Docker 的快速发展和企业应用的实现，部署和管理繁多的服务非常困难，为了多容器的管理，Orchard 公司开发了基于 Docker 的 Python 工具——Fig。

2014 年，Docker 公司收购了 Orchard 公司，并将 Fig 更名为 Docker Compose。

Docker Compose 并不是通过脚本和各种冗长的 docker 命令来将应用组件组织起来的，而是通过一个声明式的配置文件描述整个应用，从而使用一条命令完成部署。

### 4.2.1　Compose 的原理

#### 1. 编排

编排（orchestration）是指根据被部署的对象之间的耦合关系，以及被部署对象对环境的依赖，制定部署流程中各个动作的执行顺序，部署过程所需要的依赖文件及被部署文件的存储位置和获取方式，以及如何验证部署成功，这些信息都会在编排工具中以指定的格式（如配置文件或特定的代码）来要求运维人员定义并保存起来，从而保证这个流程能够随时在全新的环境中可靠有序地重现。

2. 部署

部署（deployment）是指按照编排所指定的内容和流程，在目标机器上执行环境初始化，存放指定的依赖文件，运行指定的部署动作，最终按照编排中的规则来确认部署成功。

所以说，编排是一个"指挥家"，它的"大脑"里存储了整个乐曲此起彼伏的演奏流程，对于每一个小节、每一段音乐的演奏方式都了然于胸。而部署就是整个"乐队"，它们严格按照"指挥家"的意图用乐器来完成乐谱的执行。最终，两者通过协作就能把每一位"演奏者"独立的演奏通过组合、重叠、衔接来形成高品位的交响乐。这也是Docker Compose所要完成的使命。

docker-compose 是一个 Python 项目，它是通过调用 Dokcer-py 库与 docker engine 交互实现构建 Docker 镜像，启动、停止 Docker 容器等操作实现容器编排的。而 Docker-py 库则是通过调用 docker remote API 与 Docker Daemon 交互（可通过 DOCKER_HOST 配置本地或远程 Docker Daemon 的地址）来操作 Docker 镜像与容器的。

为了方便 docker-compose，将所管理的对象抽象为 3 层：工程（project）、服务（service）与容器（container）。

project：通过 Docker compose 管理的一个项目被抽象成为一个 project，它是由一组关联的应用容器组成的一个完整的业务单元。简而言之，就是一个 docker-compose.yml 文件定义一个 project。

service：运行一个应用的容器，实际上可以是一个或多个运行相同镜像的容器。可以通过 docker-compose up 命令的 --scale 选项指定某个 service 运行的容器个数。

docker-compose 启动一个工程主要经历以下几个步骤。

（1）工程初始化—解析配置文件（包括 docker-compose.yml，外部配置文件 extends files，环境变量配置文件 env_file），并将每个服务的配置转换成 Python 字典，初始化 docker-py 客户端用于与 docker engine 通信。

（2）根据 docker-compose 的命令参数将命令分发给相应的处理函数，其中启动命令为 up。

（3）调用 project 类的 up 函数，得到当前工程中的所有服务，并根据服务的依赖关系进行拓扑排序并去掉重复出现的服务。

（4）通过工程名及服务名从 docker engine 获取当前工程中处于运行中的容器，从而确定当前工程中各个服务的状态，再根据当前状态为每个服务制定接下来的动作。docker-compose 使用 labels 标记启动的容器，使用 docker inspect 可以看到通过 docker-compose 启动的容器都被添加了标记。

(5) 创建 docker-compose 工程的核心在于定义配置文件,配置文件的默认名称为 docker-compose.yml,也可以用其他名称,但需要修改环境变量 COMPOSE_FILE 或者启动时通过 -f 参数指定配置文件。

(6) 下列为一个 docker-compose 配置文件的示例,其定义的工程包含了两个 service,一个是数据库服务 test_db,一个是 Web 服务 test_web。其中 Web 服务包含两个副本,并且要在数据库服务启动后才能启动,如图 4-7~图 4-9 所示。

```
version: '3'                          #配置版本号
services:
  database:                           #服务名称
    image: mysql:5.7                  #使用的镜像
    container_name: test-db           #容器名称
    ports:                            #端口映射配置
      - "3307:3306"
    restart: always                   #重启方式
    networks:                         #服务连接到的指定网络
      - deploy-net
    environment:                      #配置环境变量
```

图 4-7 命令解释说明 1

```
    ports:
      - "8888:8888"
    deploy:                           #部署配置
      replicas: 2                     #创建两个副本
    networks:
      - test-net
networks:                             #网络配置
  test-net:
    driver: bridge                    #指定网络驱动器为 bridge
```

图 4-8 命令解释说明 2

```
    environment:                      #配置环境变量
      MYSQL_DATABASE: "test_db"
      MYSQL_ROOT_PASSWORD: "@QWEqwe123"
      MYSQL_ROOT_HOST: "%"
#   command: mysql -hlocalhost -uroot -p@QWEqwe123
    volumes:                          #配置容器内文件或目录挂载到宿主机
      - "/home/db/test/test_db:/var/lib/mysql"
      - "/home/dbtest/test_db/conf/my.cnf:/etc/my.cnf"
      - "/home/db/test/test_db/init:/docker-entrypoint-initdb.d/"
  web:
    depends_on:                       #配置当前服务依赖的服务
      - database
    build: ./                         #配置构建 image 的 Dockerfile 文件位置
    image: test-web
#   container_name: test-web          #容器名必须唯一,所以如果服务包含两个以上容器,则不能指定容器名
    restart: always
    volumes:
      - /home/logs/test/web/test_web/service:/home/logs/test/web/test_web/service
```

图 4-9 命令解释说明 3

## 4.2.2 Fleet 的原理

Fleet 是一个通过 Systemd 对 CoreOS 集群进行控制和管理的工具。Fleet 与 Systemd 之间通过 D-Bus API 进行交互,每个 Fleet Agent 之间通过 etcd 服务来注册和同步数据。Fleet 提供的功能非常丰富,包括查看集群中服务器的状态、启动或终止 Docker Container、读取日志内容等。

搭建 Docker 集群,使用 etcd 作为信息存储,Fleet 连接与控制所有节点服务器的 systemd,然后通过相应的命令创建或者消灭节点里 Docker 容器。

## 4.3 跨平台宿主环境管理工具 Machine

### 4.3.1 Machine 与虚拟机软件

Machine 的主要功能是帮助用户在不同的云主机提供商上创建和管理虚拟机,并在虚拟机中安装 Docker。

用户只需要提供几项登录凭证,即可等待环境安装完成。

Machine 能便捷地管理所有通过它创建的 Docker 宿主机,进行宿主机的启动、关闭、重启、删除等操作。

Docker Machine 是一种可以让用户在虚拟主机上安装 Docker 的工具,并可以使用 docker-machine 命令来管理主机。

Docker Machine 也可以集中管理所有的 Docker 主机,如快速为 100 台服务器安装上 Docker。

### 4.3.2 Machine 与 IaaS 平台

Machine 在 2016 年 4 月发布的 v0.6.0 版本中支持的 IaaS 平台已经达到 15 种,其中包括主流服务提供商 Amazon、Google、Microsoft 的 Amazon EC2、GCE 和 Azure,也包括开源的 OpenStack。与此同时,还有一部分开源社区开发者开发的第三方驱动插件,如今已达到 20 余种,其中包括国内的 UCloud 和 Aliyun ECS。

### 4.3.3 Machine 示例

使用 Docker-Machine 远程安装 Docker,安装 Docker Machine 的主机 localhost(作为管理主机)上通过 docker-machine create 命令在另一台 Linux 主机上远程安装 Docker,并将该主机配置为 Docker 机器,纳入 Docker Machine 管理。

步骤 1:先进行 Docker-Machine 的安装,代码如下。

```
base=https://github.com/docker/machine/releases/download/v0.16.0 &&
  curl -L $base/docker-machine-$(uname -s)-$(uname -m) >/tmp/docker-machine &&
  sudo mv /tmp/docker-machine /usr/local/bin/docker-machine &&
  chmod +x /usr/local/bin/docker-machine
```

步骤 2:执行下列命令确认主机是否关闭防火墙,代码如下。

```
systemctl stop firewalld
systemctl stop firewalld
```

然后还需要确认两台主机之间的网络能够相互连通,再管理主机执行 ssh-keygen 命令创建密钥对,代码如下。

```
ssh-keygen
```

代码运行结果如图 4-10 所示。

```
[root@localhost ~]# ssh-keygen
Generating public/private rsa key pair.
Enter file in which to save the key (/root/.ssh/id_rsa):
Enter passphrase (empty for no passphrase):
Enter same passphrase again:
Your identification has been saved in /root/.ssh/id_rsa.
Your public key has been saved in /root/.ssh/id_rsa.pub.
The key fingerprint is:
SHA256:hsNtLmTA5ngzaRjyKnA9wmEE8QQcZeLNxnVJ6SYHKuQ root@localhost.localdomain
The key's randomart image is:
+---[RSA 2048]----+
|=*=o ..oo        |
|.**....o         |
|+.== o           |
| E.X =*          |
|. o X X S        |
|.o +* =          |
|o      ..        |
|.       .        |
|                 |
+----[SHA256]-----+
```

图 4-10　创建密钥

步骤 3：在管理主机上执行 ssh-copy-id 命令将密钥对远程复制到目标主机，实现 SSH 无密码登录，代码如下。

```
ssh-copy-id  [目标主机 id 地址]
```

代码运行结果如图 4-11 所示。

```
[root@localhost ~]# ssh-copy-id root@192.168.5.102
The authenticity of host '192.168.5.102 (192.168.5.102)' can't be established.
ECDSA key fingerprint is SHA256:0rS/OOWjqmQm2k382QRxbr2a9OswAoaZYXBgWgYfj4Q.
ECDSA key fingerprint is MD5:67:39:35:aa:ef:5d:83:f4:72:da:5c:91:74:9f:85:04.
Are you sure you want to continue connecting (yes/no)? yes
/usr/bin/ssh-copy-id: INFO: attempting to log in with the new key(s), to filter out
any that are already installed
/usr/bin/ssh-copy-id: INFO: 1 key(s) remain to be installed -- if you are prompted n
ow it is to install the new keys
root@192.168.5.102's password:

Number of key(s) added: 1

Now try logging into the machine, with:   "ssh 'root@192.168.5.102'"
and check to make sure that only the key(s) you wanted were added.
```

图 4-11　将密钥对远程复制到目标主机

可以在目标主机/root/.ssh/authorized_keys 下看到控制主机的密钥文件，如图 4-12 所示。

```
[root@local2 ~]# cat /root/.ssh/authorized_keys
ssh-rsa AAAAB3NzaC1yc2EAAAADAQABAAABAQDVycyFkm3o0VJR+hUmwV8dVXUILCwXU/Ipe4kbSPbqvMuh
UTGta5U5epxOuCDmh2sQligHpuWLbEx454lbZbjdQl5nl3tEJtjWrbKfcMDcDapMfb4P4t5zw0vozYozJP3C
5OWDOqTa/J+U0jRU1sNAO/Aaa9JP413wFK9AnbXS3eWEvdgXNGNoNg62E8o8N+cJXPRVl1NvP7k8HRGNYBbW
IOrNuka3vIGr5O/w6aHAAYuOUjtHmt2qu5wqWQ0hXlpk9YwPmkgbtClRkk6rV6aCyTOZluPncLX1Ju78zgg3
I42PGtp802GpQCt63s1fyCV6l+sZhAvP root@localhost.localdomain
[root@local2 ~]#
```

图 4-12　控制主机的密钥文件

步骤 4：在管理主机上执行以下操作，将目标主机创建为“Machine”。其中--driver

generic 参数表示指定 generic 驱动，--generic-ip-address 参数用于指定目标系统的 IP 地址，最后的 host-b 参数表示托管主机将要被设置的名称，代码如下。

```
docker-machine create --driver generic --generic-ip-address=192.168.5.102 host-b
```

代码运行结果如图 4-13 所示。

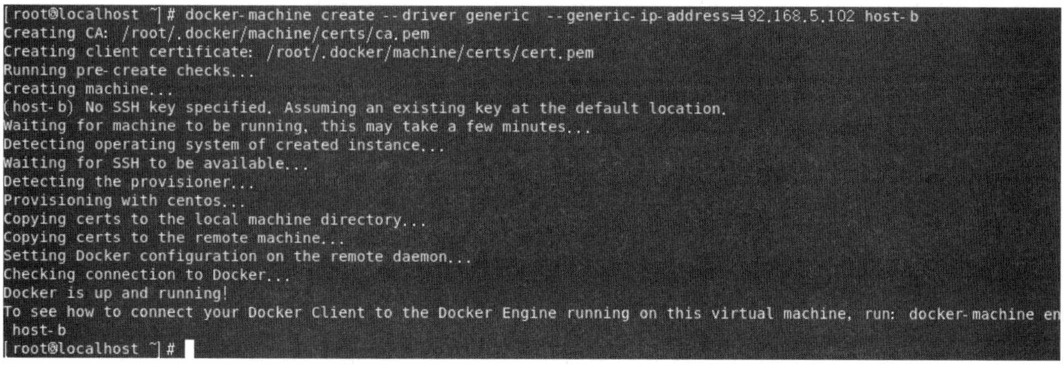

图 4-13　配置过程

步骤 5：使用 docker-machine ls 命令查看当前管理的 Docker 机器，代码如下。

```
docker-machine ls
```

代码运行结果如图 4-14 所示。

图 4-14　当前管理的 Docker 机器

步骤 6：登录到目标机器上，可以从/etc/systemd/system/docker.service.d/下看到一个名为 10-dmachine.conf 的文件，这就是 Docker 守护进程配置，代码如下。

```
cd /etc/systemd/system/docker.service.d/
vim 10-dmachine.conf
```

代码运行结果如图 4-15 所示。

图 4-15　10-dmachine.conf 文件

完成以上步骤后，就实现了 Docker-Machine 的远程安装 Docker，可以在目标主机上看到已经被安装好的 Docker 下的 nginx，如图 4-16 所示。

图 4-16　目标主机的 Docker

## 4.4 集群抽象工具 Swarm

### 4.4.1 Swarm 概述

在 Docker 应用越来越深入的今天，把调度粒度停留在单个容器上是非常没有效率的。同样，在提高对 Docker 宿主机管理效率和利用率的方向上，集群化管理方式是一个正确的选择。Swarm 就是将多台宿主机抽象为"一台"的工具。

原来操作 Docker 集群时，用户必须单独对每一个容器执行命令，如图 4-17 所示。

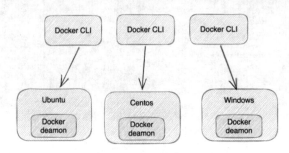

图 4-17  无 Swarm 的宿主机

有了 Swarm 后，使用多台 Docker 宿主机的方式发生了改变，如图 4-18 所示。

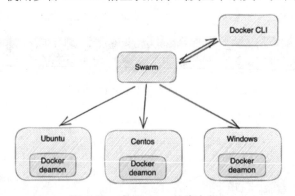

图 4-18  有 Swarm 的宿主机

Swarm 最大程度地兼容 Docker 的远程 API，目前为止，Swarm 已经能够支持 95%以上的 Docker 远程 API，这使得所有直接调用 Docker 远程 API 的程序都能方便地将后端替换为 Swarm，这类程序包括 Docker 官方客户端，以及 Fig、Flynn 和 Deis 这类集群化管理使用 Docker 的工具。

Swarm 除了在多台 Docker 宿主机（或者说多个 Docker 服务端）上建立一层抽象，还提供对宿主机资源的分配和管理。Swarm 通过在 Docker 宿主机上添加的标签信息将宿主机资源进行细粒度分区，通过分区帮助用户将容器部署到目标宿主机上，同时，通过分区方式还能提供更多的资源调度策略扩展。

## 4.4.2 Swarm 集群的多种创建方式

对于一个 Swarm 集群而言，集群内节点分成 Swarm Agent 和 Swarm Manager 两类。Agent 节点运行 Docker 服务端，Docker Release 的版本需要保证一致，且为 1.4.0 或更新的版本。

Manager 节点负责与所有 Agent 上的 Docker 宿主机通信及对外提供 Docker 远程 API 服务，因此 Manager 需要能获取到所有 Agent 地址。

实现方式可以是让所有 Agent 到网络上的某个位置注册，让 Manager 到相同的地址获取最新的信息，这样 Agent 节点的活动就可以被实时侦测；也可以事先将所有 Agent 的信息写在 Manager 节点的一个本地文件中，但这种实现无法再动态地为集群增加 Agent 节点。

创建一个 Swarm 集群的方法如下。

（1）使用命令去获得一个独一的集群 ID，代码如下：

```
swarm create
```

swarm create 命令的实质是向 Docker Hub 的服务发现地址发送 POST 请求的过程。

（2）使用 etcd 创建集群：使用 etcd 时，要事先获知 etcd 的地址和存储集群信息的具体路径，存储在 etcd 上的节点信息都带有一个 ttl 生存时间，Agent 会定时（默认为 25 秒）更新自身生存时间，保证不会被 Manager 认定为该节点已不属于集群。

（3）使用静态文件创建集群：可以将所有 Agent 节点信息通过命令写入 Manager 节点上的某个文本文件中。

（4）使用 Consul 创建集群与 etcd 方式实现类似。

（5）使用 ZooKeeper 创建集群与 etcd 方式实现类似。

（6）用户自定义集群创建方式。

## 4.4.3 Swarm 对请求的处理

Manager 收到的请求主要可以分为以下 4 类。

（1）针对已创建容器的操作，Swarm 只是起到一个转发请求到特定宿主机的作用。

（2）针对 Docker 镜像的操作。

（3）创建新的容器命令 docker create，其中涉及的集群调度会在后面的内容中进行讲解。

（4）其他获取集群整体信息的操作，如获取所有容器信息、查看 Docker 版本等。

## 4.4.4 Swarm 集群的调度策略

Swarm 管理了多台 Docker 宿主机，用户在这些宿主机上创建容器时，就会产生究竟与哪台宿主机交互的疑问。

Swarm 提供了过滤的功能，用来帮助用户筛选出符合他们条件的宿主机。以一个使用场景为例，用户需要将一个与 MySQL 相关、名为 db 的容器部署到一台装有固态硬盘的宿主机上。装有固态硬盘的宿主机在启动 Docker 服务端时会使用以下命令来添加适当的标签信息，代码如下。

```
docker -d --label storage=ssd
```

用户在使用 Docker 客户端创建 db 容器时，命令中会带上相应的要求，代码如下。

```
docker run -d -P -e constraint:storage=ssd --name db mysql
```

constraint 环境变量会被 Manager 解析，然后筛选出所有带有 storage:ssd 这一键/值对标签的宿主机作为候选。

除了使用 filter，Swarm 还提供了 strategy 来选出最终运行容器的宿主机。

现阶段 Swarm 有多种调度策略，分别如下。

（1）random 策略：random 就是在候选宿主机中随机选择一台。

（2）binpacking 策略：binpacking 会在权衡候选宿主机 CPU 和内存的占用率后，选择能分配到最大资源的那台宿主机。

（3）spread 策略：spread 尝试把每个容器平均地部署到每个节点上。

### 4.4.5　Swarm 集群高可用（HA）

在 Docker Swarm 集群中，Swarm Manager 为整个集群服务，并管理多个 Docker 宿主机的资源，这就导致一个问题，一旦 Swarm Manager 发生故障，那么整个集群将会瘫痪。所以，对于产品级 Swarm 集群，高可用解决方案 HA（High Availability）非常必要。幸运的是，目前 Swarm 已经支持 leader selector，这就为 Swarm 集群高可用提供了可能。

HA 允许 Docker Swarm 中的 Swarm Manager 采取故障转移策略，即主 Swarm Manager 发生故障，备用的 Swarm Manager 将会替代原来的 Manager，任何时间都会有一台 Manager 正常工作，从而保证系统的稳定性。

## 4.5　Flynn 与 Deis

### 4.5.1　容器云的基础设施层

**1. Flynn**

现在的应用程序从源代码到运行阶段太复杂，没有标准的、通用的方式。整个过程及产出分为以下几个阶段。

（1）开发阶段：源代码。

（2）构建阶段：发布包/可执行程序。

（3）部署阶段：可运行的镜像（发布包+配置）。

（4）运行阶段：进程、集群、日志、监控信息、网络。

如果需要管理或者构建一个完整的服务栈，容器扮演的仅仅是一个基本工作单元的角色。在服务栈的最下层，需要有一种资源抽象来为工作单元展示一个统一的资源视图。这样容器就不必关心服务器集群资源情况和网络拓扑，即从容器视角看到的仅仅是"一台"服务器而已。还应该能够根据用户提交的容器描述文件来进行应用容器的编排和调度，为用户创建出符合预期描述的一个或多个容器，交给调度引擎放置到一台或多台物理服务器上运行。如何为容器中正在运行的服务提供负载均衡和反向代理，如何填补从用户代码制品到容器这一"鸿沟"，如何将底层的编排和调度功能 API 化等，这些功能看似并不"核心"，却是实现"面向应用"云平台的必经之路。

早在 Docker 得到普遍认同之前，就有一些敏感的极客们意识到了这一点，他们给出的解决方案被称为 Flynn，一个具有 Layer 0 和 Layer 1 两层架构的类 PaaS 项目。

#### 2. Flynn 的工作

Flynn 对宿主机集群实现一个统一的抽象，将容器化的任务进程合理调度并运行在集群上，然后对这些任务进行容器层面的生命周期管理，这一层负责的工作可以总结为以下 4 点。

（1）分布式配置和协调。

毋庸置疑，这是 Zookeeper 或 etcd 的工作。Flynn 选择了 etcd，但并没有直接依赖它，也就是说，可以方便地通过实现 Flynn 定义的抽象接口将分布式协同组件更换成其他的方案。

（2）任务调度。

Flynn 团队曾重点关注了 Mesos 和 Omega 这两个调度方案，最后选择了更简单更易掌控的 Omega1。在此基础上，Flyrni 原生提供了两种调度器，一种负责调度长运行任务（Service Scheduler），另一种负责调度一次性任务（Ephemeral Scheduler）。

（3）服务发现。

引入 etcd 后，服务发现就水到渠成了。在 Flynn 中，服务发现的主要任务是观察被监控节点（包括服务实例和宿主机节点）的上线和下线事件，从而在 callback 回调中完成每个事件对应的处理逻辑（如更新负载均衡的 serve 列表）。跟分布式协调组件一样，Flynn 同样有一个发现来封装 etcd，对外提供统一的服务发现接口，鉴于该设计，ZookeepermDNS 也可以用于 Flynn 的服务发现后端。

（4）宿主机抽象。

所谓宿主机抽象，是指上层系统（Layer 1）以何种方式与宿主机交互。宿主机抽象可以屏蔽不同宿主机系统和硬件带来的不一致。一般来讲，抽象实现的方式是在宿主机上运行一个 Agent 进程来响应上层的 RPC 请求,向上层的调度组件报告这台宿主机的资源情况，以及向服务发现组件注册宿主机的存活状态等。Flynn 的做法与之类似，不过 Flynn 还将这个 Agent 进程作为自身服务框架托管下的一组"服务"进行管理，从而避免了从外部引入一套守护进程所带来的烦琐。

## 4.5.2　容器云的功能框架层

Flynn 构建在 Layer 0 之上的一套组件统称为 Layer 1，它能够基于 Layer 0 提供的资源，抽象实现容器云所需的上层功能。

上层功能可以总结为以下 4 点。

（1）API 控制器。

同经典 PaaS 一样，Flynn 也运行着一个 API 后端，以响应用户的 HTTP 管理请求。

（2）Git 接收器。

Flynn 使用 Git 来发布用户代码，Git 接收器作为一个获取远程配置在用户方，所以用户推进的代码会直接交给这个接收器来制作代码制品和发布包。

（3）Buildpacks。

用户只需要上传可执行文件包（如 WAR 包），Buildpack 就能够将这些文件按照一定的格式组织成可以运行的实体（如 Tomcat+WAR 组成的压缩包）。通过定义不同的 Buildpack，PaaS 就能实现支持不同的编程语言、运行环境、Web 容器的组合。

（4）路由组件。

容器服务栈要想正常工作，一个为集群服务的负载均衡路由组件是必不可少的。Flynn 的路由组件支持 HTTP 协议和 TCP 协议，它能够支持大部分用户服务的访问需求。Flynn 的管理类请求也是由路由组件来转交给 API 控制器的。通过与服务发现组件 etcd 协作，路由组件可以及时地更新被代理服务的 IP 和端口。

## 4.5.3　Flynn 体系架构与实现原理

用户代码是如何上传到 Flynn 并执行运作的呢？主要有以下两种方式。

第一种方式：用户通过 Git 指令直接提交代码，这时 Flynn 需要做的工作至少包括以下几项。

（1）接收用户上传的代码。

（2）如果需要的话，按照一定的标准编译代码，组织代码目录。

（3）按照一定的标准将编译后的可执行文件保存到预设的目录中。

如果需要的话，按照一定的标准将可执行文件目录和 Web 服务器目录组装起来，生成启停脚本和必要的配置信息；将上述包含了可执行文件、Web 服务器、控制脚本和配置文件的目录打包保存起来；在需要运行代码时，只需在一个指定的 base 容器中解压上述包，然后执行启动脚本即可，从可运行实体转换为应用实例。

前文提到，当用户的应用已经被上传并在 Flynn 中完成了打包工作后，生成的 Slug 就是一个按照 Flynn 规定的组织方式，将可执行文件、Web 服务器等应用运行所需的各种制品组织在一起的压缩包。

当服务发布完成后，作为一个类 PaaS 项目，Flynn 还需要实现这个服务或应用的整个生命周期管理，包括应用启动和停止、状态监控和测量。

第一，整个服务的生命周期管理的实现很简单，只需要针对微光生成的启动命令和运行起来的 PID 进行操作即可，这里不再过多介绍，有兴趣的读者可以自行研究 Buildpack 的工作原理。

第二，服务和应用的状态监控。Flynn Host 上的 Container Manager 进程负责实施健康检查，并检测本身运行着的容器数目，检测结果会更新 Flynn 数据库中的 Formations 表。另一端的 Flynn Controller 保持监听该表的数据变化，一旦发现预期的实例数和实际的实例数不一致，Controller 就会根据差异值重新在某台 Flynn Host 下载并运行对应的 Slug（或者删除多余的实例）。

第三，服务的水平扩展。如果需要增加实例，Flynn 由用户指定某个 Flynn Host 来启动新的实例容器。如果用户不指定 Host，那么 Flynn 调度器会选择一个当前运行中的实例数目最小的 Host 来运行。如果用户需要减少实例，Flynn 会直接选择这个服务或应用的最新实例，然后把它们删除。

第二种方式：直接上传用户 Docker 镜像并运行起来。

当需要运行某个应用时，Flynn 会从 Blobstore 中下载对应的 Slug 来运行。Flynn 如果想要用户上传一个 Docker 镜像来运行，就要想办法把镜像制作成一个伪 Slug。

回顾 Flynn 借助 Buildpack 所做的三步工作，对于 Docker 镜像来说，发现和编写两步是不需要的，所以 Flynn 处理 Docker 镜像的过程直接来到了释放这一步骤。

最后，就可以使用 scale 指令启动 Docker 镜像。

### 4.5.4　Deis 的原理与使用

#### 1. Deis 基础概述

Deis 是一个 Django/Celery API 服务器、Python CLI 和一组 Chef cookbooks 合并起来提供一个类似 Heroku 的应用平台，用于公有云和私有云。Deis 的口号是：Your PaaS. Your Rules。

Deis 是一个开源的 PaaS 系统，简化和 Linux Container 容器和 Chef 节点的发布和伸缩。可用于托管应用、数据库、中间件和其他服务。Deis 利用 Chef、Docker 和 Heroku Buildpacks 来提供的私有 PaaS 是非常轻量级和灵活的。

Deis 提供开箱即用的 Ruby、Python、Node.js、Java、Clojure、Scala、Play、PHP、Perl、Dart 和 Go 语言的支持。此外，Deis 可使用 Heroku Buildpacks、Docker images 和 Chef recipes 发布任何内容。Deis 主要用来与不同的云提供商进行交互，支持 EC2 等平台。

## 2. Deis 原理的 4 个阶段

（1）构建阶段。

Builder 组件处理 git push 请求，并且在临时的 Docker 容器内构建应用并生成一个新的 Docker 镜像（image）。

（2）发布阶段。

在发布阶段，一个 Build 和配置结合起来创建出一个新的数字型的发行版本（release）。紧接着这个发行版本会被推送到 Docker registry 以便稍后执行。当一个新的 Build 被创建或者配置发生改变时，都会触发构建新的发行版本，这样回滚代码或配置更改都会变得很容易。

（3）运行阶段。

在运行阶段，容器会被分派到调度器（Scheduler）并且更新相应的路由。调度器负责将容器发布到主机上，并且保证它们在集群上的均衡。容器一旦处于健康状态，koi 会被推送到路由组件。旧的容器只有在新的容器上线并且开始处理请求后，才会被收起来以保证零停机部署。

（4）备份服务。

Deis 把数据库、缓存、存储、消息系统及其他后端服务当作附加资源，以符合十二要素应用程序的最佳实践。

应用通过使用环境变量附加后端服务，因为应用与后端服务之间没有耦合，所以应用可以任意独立地进行扩展，与由其他应用提供的服务通信，或者切换为外部服务及第三方提供的服务。

## 4.5.5　Deis 与 Flynn 的比较

Flynn 和 Deis 是 Docker 的两个云计算微 PaaS 技术，它们都可以作为一个 PaaS 平台，但是它们不像旧式的 PaaS 范式那样将 Docker 与其他混合装机在一起，而是寻求一种重新定义的 PaaS 途径。Flynn 和 Deis 已经重新定义了微 PaaS 概念，也就是说任何人都可以在自己的硬件上付出不太多的努力就可以运行它们。

下面就以下几个方面进行比较。

（1）CoreOS。两个项目都采取了 CoreOS 来驱动集群和分布式架构，Flynn 使用 CoreOS 的 etcd 系统实现服务发现和集群级别的配置。Deis 也是整个都采取 CoreOS。CoreOS 是一个自然基于集群分布式的 OS（类似 Riak），并且都是使用 Docker 作为首要选项。

（2）绝不是 Heroku 的克隆。任何人只要谈到构建 PaaS，都认为只是重新发明轮子，将部署接口、负载平衡器、服务配置等捆绑在一起，但是 Flynn 和 Deis 不同，因为通常意义上人们看到的 PaaS 只是在用户接口和应用部署上更高的一种架构，而 Flynn 和 Deis 执着于提供一个健壮的可伸缩扩展的系统层，来驱动服务发现、任务调度和集群管理。Flynn 创建者将它们的架构划分为 Layer 0（系统层）和 Layer 1（部署维护层），很显然受 Google Omega paper 鼓舞，也可以和 ZooKeeper 和 Mesos 比较。

（3）在很多方面类似 Heroku。一旦将它们的系统层直接带入开发者面向的层面，事情变得又非常类似 Heroku。Flynn 提供基于 Procfile 的部署规范，而 Deis 提供基于 Dockerfile 或 Heroku Buildpack 的规范。更有甚者，Flynn 和 Deis 也可以提供基于 git push 的部署方式。

（4）面向服务的架构。Flynn 和 Deis 是能够构造轻量服务和基于系统模块的应用，Docker 是它们构建模块的必备基础，因为 Docker 容器可以帮助建立轻量可分布式的多租户系统。

## 4.6 容器云示例

### 4.6.1 Hadoop 简介

Hadoop 是一个由 Apache 基金会所开发的分布式系统基础架构，是一个能够对大量数据进行分布式处理的软件框架；Hadoop 以一种可靠、高效、可伸缩的方式进行数据处理；用户可以在不了解分布式底层细节的情况下，开发分布式程序，如图 4-19 所示。

Hadoop 采用了 master/slave 结构，一个 HDFS 架构包含一个 master 节点和若干个 slave 节点，为了应对节点故障，都会有数据备份，如图 4-20 所示。

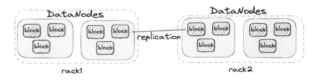

图 4-19 Hadoop　　　　　　　　图 4-20 master/slave 结构

DataNode：存储数据，DataNode 负责客户端请求的读写操作，在 NameNode 的调度下进行复制、创建和删除，DataNode 以机架形式组织，机架通过交换机链接，DataNode 内的数据按照 block 存储。

NameNode：一般单独运行一个实例机器上，主要存放两种数据：editlog 和 fsimage。NameNode 对任何元数据产生的修改都会被记录在事务日志 editlog 上，而整个文件系统的元数据（命名空间、数据块到文件的映射、文件的属性等）都会存放在 fsimage 文件中。

Hadoop 的安装模式如下。

（1）单机模式。

只在一台机器上运行，存储采用本地文件系统，没有采用分布式文件系统 HDFS。

（2）伪分布式模式。

存储采用分布式文件系统 HDFS，但是 HDFS 的节点和数据节点都在同一机器上。

（3）分布式模式。

存储采用分布式文件系统 HDFS，而且 HDFS 的节点和数据节点位于不同的机器上。

## 4.6.2 基于 Docker 搭建 Hadoop 集群

搭建三节点 Hadoop 集群的操作步骤如下。

步骤 1：使用 Docker 从镜像仓库下载 Hadoop，代码如下。

```
sudo docker pull kiwenlau/hadoop:1.0
```

代码运行结果如图 4-21 所示。

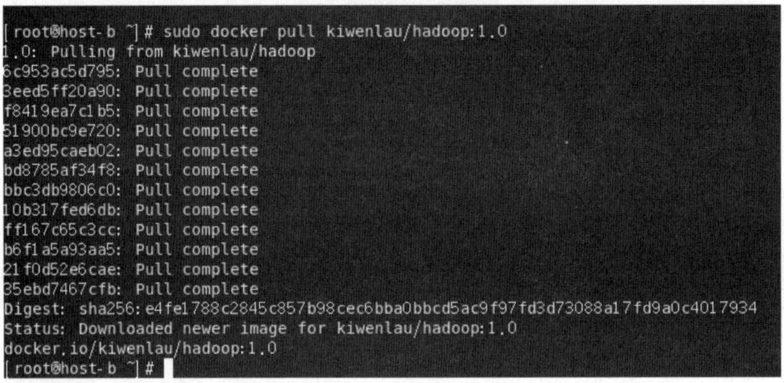

```
[root@host-b ~]# sudo docker pull kiwenlau/hadoop:1.0
1.0: Pulling from kiwenlau/hadoop
6c953ac5d795: Pull complete
3eed5ff20a90: Pull complete
f8419ea7c1b5: Pull complete
51900bc9e720: Pull complete
a3ed95caeb02: Pull complete
bd8785af34f8: Pull complete
bbc3db9806c0: Pull complete
10b317fed6db: Pull complete
ff167c65c3cc: Pull complete
b6f1a5a93aa5: Pull complete
21f0d52e6cae: Pull complete
35ebd7467cfb: Pull complete
Digest: sha256:e4fe1788c2845c857b98cec6bba0bbcd5ac9f97fd3d73088a17fd9a0c4017934
Status: Downloaded newer image for kiwenlau/hadoop:1.0
docker.io/kiwenlau/hadoop:1.0
[root@host-b ~]#
```

图 4-21　下载 Hadoop

步骤 2：下载 git 仓库，代码如下。

```
git clone https://github.com/kiwenlau/hadoop-cluster-docker
```

代码运行结果如图 4-22 所示。

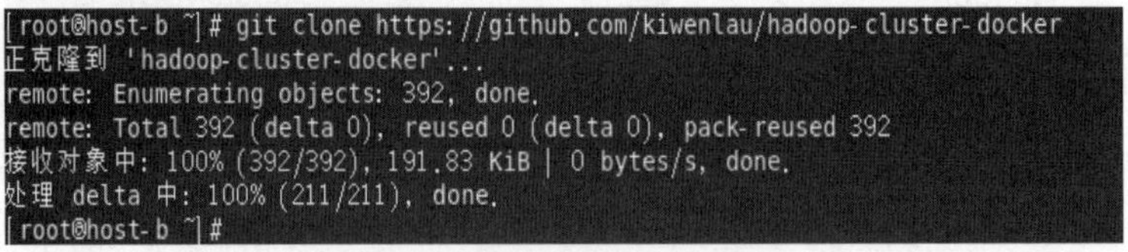

```
[root@host-b ~]# git clone https://github.com/kiwenlau/hadoop-cluster-docker
正克隆到 'hadoop-cluster-docker'...
remote: Enumerating objects: 392, done.
remote: Total 392 (delta 0), reused 0 (delta 0), pack-reused 392
接收对象中: 100% (392/392), 191.83 KiB | 0 bytes/s, done.
处理 delta 中: 100% (211/211), done.
[root@host-b ~]#
```

图 4-22　下载 git 仓库

步骤 3：使用 docker network 命令创建一个名为 Hadoop 的网络模式，代码如下。

```
sudo docker network create --driver=bridge hadoop
```

代码运行结果如图 4-23 所示。

```
[root@host-b ~]# sudo docker network create --driver=bridge hadoop
454c9fb6582c07fb1dc2a4600617ce4129f961a4bd8c6118297e3a04626418d2
[root@host-b ~]#
```

图 4-23　创建 Hadoop 网络模式

如果不小心创建出错，可以通过以下命令进行纠正，代码如下。

```
docker network ls                          //查看已创建的网络列表
docker network rm [需要删除的网络]          //删除网络
```

步骤 4：进入已经下载好的 hadoop-cluster-docker 文件夹中，使用命令进入容器中，代码如下。

```
cd hadoop-cluster-docker
./start-container.sh
```

代码运行结果如图 4-24 所示。

```
[root@host-b ~]# cd hadoop-cluster-docker
[root@host-b hadoop-cluster-docker]# ./start-container.sh
start hadoop-master container...
start hadoop-slave1 container...
start hadoop-slave2 container...
root@hadoop-master:~#
```

图 4-24　进入容器

从图 4-24 中可以看出，共启动了 3 个容器，分别是 1 个 master 容器和 2 个 slave 容器，运行命令后会自动进入 hadoop-master 容器的 /root 目录下。

步骤 5：在容器内启动 Hadoop，代码如下。

```
./start-hadoop.sh
```

代码运行结果如图 4-25 所示。

```
root@hadoop-master:~# ./start-hadoop.sh

Starting namenodes on [hadoop-master]
hadoop-master: Warning: Permanently added 'hadoop-master,172.18.0.2' (ECDSA) to the list of known hosts.
hadoop-master: starting namenode, logging to /usr/local/hadoop/logs/hadoop-root-namenode-hadoop-master.out
hadoop-slave2: Warning: Permanently added 'hadoop-slave2,172.18.0.4' (ECDSA) to the list of known hosts.
hadoop-slave1: Warning: Permanently added 'hadoop-slave1,172.18.0.3' (ECDSA) to the list of known hosts.
hadoop-slave2: starting datanode, logging to /usr/local/hadoop/logs/hadoop-root-datanode-hadoop-slave2.out
hadoop-slave1: starting datanode, logging to /usr/local/hadoop/logs/hadoop-root-datanode-hadoop-slave1.out
Starting secondary namenodes [0.0.0.0]
0.0.0.0: Warning: Permanently added '0.0.0.0' (ECDSA) to the list of known hosts.
0.0.0.0: starting secondarynamenode, logging to /usr/local/hadoop/logs/hadoop-root-secondarynamenode-hadoop-master.out

starting yarn daemons
starting resourcemanager, logging to /usr/local/hadoop/logs/yarn-resourcemanager-hadoop-master.out
hadoop-slave1: Warning: Permanently added 'hadoop-slave1,172.18.0.3' (ECDSA) to the list of known hosts.
hadoop-slave2: Warning: Permanently added 'hadoop-slave2,172.18.0.4' (ECDSA) to the list of known hosts.
hadoop-slave1: starting nodemanager, logging to /usr/local/hadoop/logs/yarn-root-nodemanager-hadoop-slave1.out
hadoop-slave2: starting nodemanager, logging to /usr/local/hadoop/logs/yarn-root-nodemanager-hadoop-slave2.out
```

图 4-25　启动 Hadoop

步骤 6：在容器内运行 wordcount，代码如下。

```
./run-wordcount.sh
```

代码运行结果如图 4-26 所示。

```
input file1.txt:
Hello Hadoop

input file2.txt:
Hello Docker

wordcount output:
Docker   1
Hadoop   1
Hello    2
root@hadoop-master:~#
```

图 4-26  wordcount 容器运行结果

以上步骤完成后，就搭建好了基于 Docker 的 Hadoop 集群（三节点），Hadoop 网页管理地址如下。

```
NameNode: http://192.168.5.102:50070/
ResourceManager: http://192.168.5.102:8088/
```

192.168.5.102 为运行容器的主机的 IP 地址，如图 4-27 和图 4-28 所示。

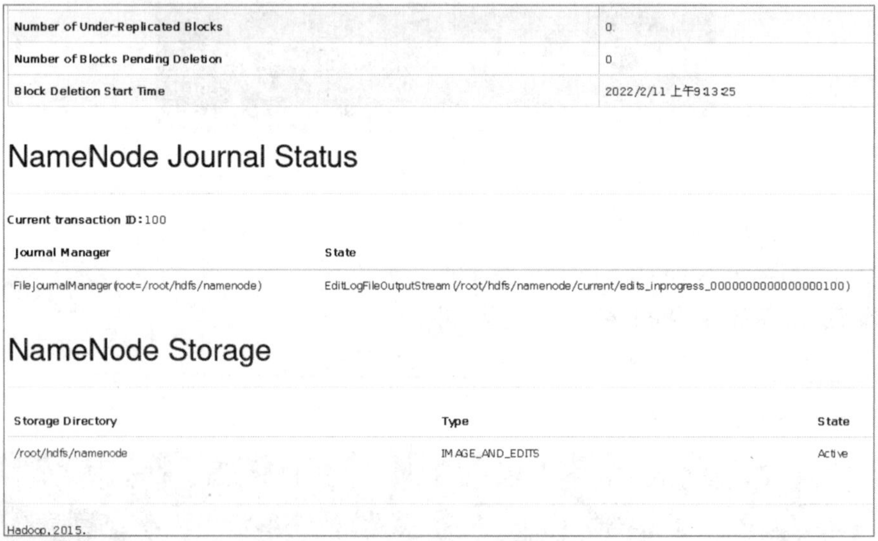

图 4-27  节点管理界面

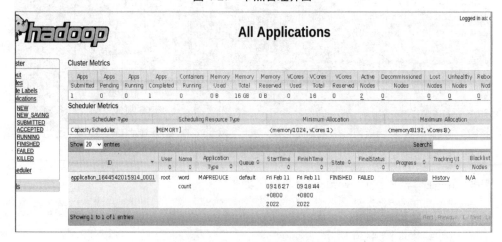

图 4-28  Hadoop 资源管理界面

# 第 5 章

# Docker 与微服务

本章学习目标

- 了解什么是微服务。
- 了解微服务的创建和部署,以及如何迁移微服务。

本章首先向读者介绍什么是微服务,再介绍如何创建和部署微服务,最后介绍迁移到微服务的操作步骤。

## 5.1 微服务概述

### 5.1.1 什么是微服务

**1. 单体应用**

早些年,各大互联网公司的应用技术栈大致可分为 LAMP 和 MVC 两大流派。无论是 LAMP 还是 MVC,都是为单体应用架构设计的,其优点是学习成本低,开发上手快,测试、部署、运维也比较方便,甚至一个人就可以完成一个网站的开发与部署。然而随着业务规模的不断扩大,团队开发人员的不断扩张,单体应用架构开始出现下列问题。

(1)部署效率低下。当单体应用的代码越来越多,依赖的资源越来越多时,应用编译打包、部署测试一次,甚至需要 10 分钟以上。

(2)团队协作开发成本高。早期在团队开发人员只有 2~3 人时,协作修改代码,最后合并到同一个 master 分支,然后打包部署,尚且可控。但是一旦团队人员扩张,超过 5 人修改代码,然后一起打包部署,测试阶段只要有一块功能有问题,就需要重新编译打包部署,然后重新预览测试,所有相关的开发人员又都得参与其中,效率低下,开发成本极高。

(3)系统高可用性差。因为所有的功能开发最后都部署到同一个 WAR 包里,运行在同一个 Tomcat 进程中,一旦某一功能涉及的代码或者资源有问题,就会影响整个 WAR 包中部署的功能。

(4)线上发布变慢。特别是对于 Java 应用来说,一旦代码膨胀,服务启动的时间就会变长，有些甚至超过 10 分钟，如果机器规模超过 100 台，假设每次发布的步长为 10%，单次发布就需要 100 分钟。因此，急需一种方法能够将应用的不同模块解耦，降低开发和部署成本。

### 2. 服务化

服务化是指把一个大型系统中的各个业务进行抽象后，以服务为单位进行开发和管理的方法。与之相关联就是面向服务架构（SOA）。

面向服务架构都是一种软件设计风格，其理念是通过服务组件来实现一个系统的需求。每个 SOA 服务都是一个独立的功能单元，可以独立执行。

SOA 服务的 4 个属性如下。

（1）逻辑上代表了一种具有特定结果的商业活动。

（2）它是自成一体的。

（3）它对消费者来说是一个黑匣子，消费者不需要知道该服务的内部运作。

（4）可能由其他基础服务组成。

### 3. 微服务

那么微服务相比于服务化又有什么不同呢？可以总结为以下 4 点。

（1）服务拆分维度更细。微服务可以说是更细维度的服务化，小到一个子模块，只要该模块依赖的资源与其他模块都没有关系，就可以拆分为一个微服务。

（2）服务独立部署。每个微服务都严格遵循独立打包部署的准则，互不影响。比如一台物理机上可以部署多个 Docker 实例，每个 Docker 实例可以部署一个微服务的代码。

（3）服务独立维护。每个微服务都可以交由一个小团队甚至是个人来开发、测试、发布和运维，并对整个生命周期负责。

（4）服务治理能力要求高。因为拆分为微服务后，服务的数量变多，因此需要有统一的服务治理平台来对各个服务进行管理。

### 4. 服务化拆分

（1）纵向拆分，是从业务维度进行拆分。标准是按照业务的关联程度来决定，关联比较密切的业务适合拆分为一个微服务，而功能相对比较独立的业务适合单独拆分为一个微服务。

（2）横向拆分，是从公共且独立功能维度进行拆分。标准是按照是否有公共的被多个其他服务调用，且依赖的资源独立，不与其他业务耦合来决定。

以社交 App 举例，无论是首页信息流、评论、消息箱还是个人主页，都需要显示用户的昵称。假如用户的昵称功能有产品需求的变更，则需要上线几乎所有的服务，这样成本就会变高。显而易见，如果把用户的昵称功能单独部署成一个独立的服务，那么有什么变更只需要上线这个服务即可，其他服务不受影响，开发和上线成本就大大降低了。

**5. 单体应用迁移到微服务架构遇到的问题**

（1）服务如何定义？

对于单体应用来说，不同功能模块之间相互交互时，通常是以类库的方式来提供各个模块的功能。对于微服务来说，每个服务都运行在各自的进程中，应该以何种形式向外界传达自己的信息呢？答案就是接口，无论采用哪种通信协议（HTTP 或者 RPC），服务之间的调用都通过接口描述来约定，约定内容包括接口名、接口参数及接口返回值。

（2）服务如何发布和订阅？

单体应用由于部署在同一个 WAR 包里，接口之间的调用属于进程内的调用。而拆分为微服务独立部署后，服务提供者该如何对外暴露自己的地址，服务调用者该如何查询所需调用的服务的地址呢？此时就需要一个类似登记处的地方，能够记录每个服务提供者的地址以供服务调用者查询，在微服务架构里，这个地方就是注册中心。

（3）服务如何监控？

通常对于一个服务，人们最关心的是 QPS（调用量）、AvgTime（平均耗时）及 P999（99.9%的请求响应时间在多少毫秒以内）等指标。此时就需要一种通用的监控方案，能够覆盖业务埋点、数据收集和数据处理，最后到数据展示的全链路功能。

（4）服务如何治理？

可以想象，拆分为微服务架构后，服务的数量变多了，依赖关系也变复杂了。比如一个服务的性能有问题时，依赖的服务都势必会受到影响。可以设定一个调用性能阈值，如果一段时间内一直超过这个值，那么依赖服务的调用可以直接返回，这就是熔断，也是服务治理最常用的手段之一。

（5）故障如何定位？

在单体应用拆分为微服务后，一次用户调用可能依赖多个服务，每个服务又部署在不同的节点上，如果用户调用出现问题，则需要有一种解决方案能够将一次用户请求进行标记，并在多个依赖的服务系统中继续传递，以便串联所有路径，从而进行故障定位。

## 5.1.2　微服务架构

服务提供者按照一定格式的服务描述，向注册中心注册服务，声明自己能够提供哪些服务及服务的地址是什么，完成服务发布。

服务消费者请求注册中心，查询所需要调用服务的地址，然后以约定的通信协议向服务提供者发起请求，得到请求结果后再按照约定的协议解析结果。

在服务的调用过程中，服务的请求耗时、调用量及成功率等指标都会被记录下来用作监控，调用经过的链路信息也会被记录下来，用于故障定位和问题追踪。在此期间，如果调用失败，可以通过重试等服务治理手段来保证成功率。

图 5-1 所示为微服务架构。

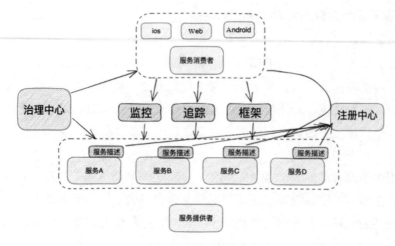

图 5-1 微服务架构

微服务架构下，服务调用主要依赖以下几个基本组件，如图 5-2 所示。

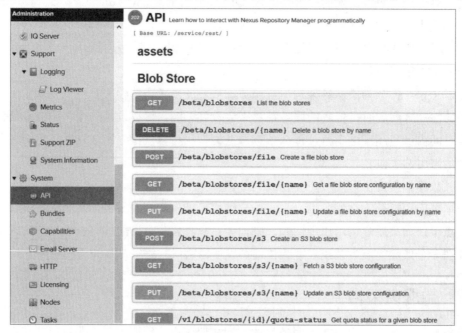

图 5-2 微服务基本组件

（1）服务描述。

（2）注册中心。

（3）服务框架。

（4）服务监控。

（5）服务追踪。

（6）服务治理。

### 1. 服务描述

（1）服务调用首先要解决的问题就是服务如何对外描述。比如，你对外提供了一个服务，那么这个服务的服务名是什么？调用这个服务需要提供哪些信息？调用这个服务返回的结果是什么格式的？该如何解析？这些就是服务描述需要解决的问题。

（2）常用的服务描述方式包括 RESTful API、XML 配置及 IDL 文件 3 种。其中，XML 配置方式多用作 RPC 协议的服务描述，通过*.xml 配置文件来定义接口名、参数及返回值类型等。IDL 文件方式通常用作 Thrift 和 gRPC 这类跨语言服务调用框架中，如 gRPC 就是通过 Protobuf 文件来定义服务的接口名、参数及返回值的数据结构，如图 5-3 所示。

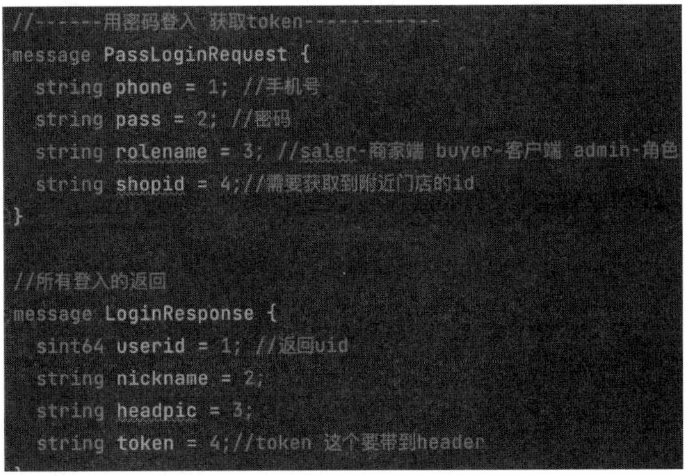

```
//------用密码登入 获取token-----------
message PassLoginRequest {
  string phone = 1; //手机号
  string pass = 2; //密码
  string rolename = 3; //saler-商家端 buyer-客户端 admin-角色
  string shopid = 4;//需要获取到附近门店的id
}

//所有登入的返回
message LoginResponse {
  sint64 userid = 1; //返回uid
  string nickname = 2;
  string headpic = 3;
  string token = 4;//token 这个要带到header
```

图 5-3　服务的接口名、参数及返回值的数据结构

### 2. 注册中心

如果用户提供了一个服务，要想让外部想调用这项服务的人知道，就需要一个类似注册中心的角色，服务提供者将自己提供的服务及地址登记到注册中心，服务消费者则从注册中心查询所需要调用的服务的地址，然后发起请求。

一般来讲，注册中心的工作流程如下。

（1）服务提供者在启动时，根据服务发布文件中配置的发布信息向注册中心注册自己的服务。

（2）服务消费者在启动时，根据消费者配置文件中配置的服务信息向注册中心订阅自己所需要的服务。

（3）注册中心返回服务提供者地址列表给服务消费者。

（4）当服务提供者发生变化，如有节点新增或者销毁，注册中心将变更通知给服务消费者。

注册中心的工作流程如图 5-4 所示。

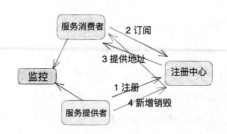

图 5-4　注册中心的工作流程图

3. 服务框架

通过注册中心，服务消费者就可以获取到服务提供者的地址，有了地址后就可以发起调用。但在发起调用前还需要解决以下几个问题。

（1）服务通信采用什么协议？就是说服务提供者和服务消费者之间以什么样的协议进行网络通信，是采用四层 TCP、UDP 协议，还是采用七层 HTTP 协议，还是采用其他协议。

（2）数据传输采用什么方式？就是说服务提供者和服务消费者之间的数据传输采用哪种方式，是同步还是异步，是在单连接上传输，还是多路复用。

（3）数据压缩采用什么格式？通常数据传输都会对数据进行压缩，以减少网络传输的数据量，从而减少带宽消耗和网络传输时间，如常见的 JSON 序列化、Java 对象序列化及 Protobuf 序列化等。

4. 服务监控

一旦服务消费者与服务提供者之间能够正常发起服务调用，就需要对调用情况进行监控，以了解服务是否正常。通常来讲，服务监控主要包括 3 个流程。

1）指标收集

就是把每一次服务调用的请求耗时及成功与否收集起来，并上传到集中的数据处理中心。

2）数据处理

有了每次调用的请求耗时及成功与否等信息，就可以计算每秒服务请求量、平均耗时及成功率等指标。

3）数据展示

数据收集起来，经过处理后，还需要以友好的方式对外展示，才能发挥价值。通常都是将数据展示在 Dashboard 面板上，并且每隔 10 秒等间隔自动刷新，用作业务监控和报警等。

5. 服务追踪

除了需要对服务调用情况进行监控，还需要记录服务调用经过的每一层链路，以便进行问题追踪和故障定位。服务追踪的工作原理大致如下。

（1）服务消费者发起调用前，会在本地按照一定的规则生成一个 requestid，发起调用时，将 requestid 当作请求参数的一部分，传递给服务提供者。

（2）服务提供者接收到请求后，记录下这次请求的 requestid，然后处理请求。如果服务提供者继续请求其他服务，会在本地再生成一个自己的 requestid，然后把这两个 requestid 都当作请求参数继续往下传递。

以此类推，通过这种层层往下传递的方式，一次请求，无论最后依赖多少次服务调用、经过多少服务节点，都可以通过最开始生成的 requestid 串联所有节点，从而达到服务追踪的目的。

6. 服务治理

服务监控能够发现问题，服务追踪能够定位问题所在，而解决问题就得靠服务治理了。服务治理就是通过一系列的手段来保证在各种意外情况下，服务调用仍然能够正常进行。在生产环境中，经常会遇到下列几种状况。

（1）单机故障。通常遇到单机故障后，都是靠运维发现并重启服务或者从线上摘除故障节点。然而集群的规模越大，越容易遇到单机故障，在机器规模超过 100 台以上时，仅靠传统的人工运维显然难以应对。而服务治理可以通过一定的策略，自动摘除故障节点，不需要人为干预，就能保证单机故障不会影响业务。

（2）单 IDC 故障。大家或许经常听说某某 App，因为施工挖断光缆导致大批量用户无法使用的严重故障。而服务治理可以通过自动切换故障 IDC 的流量到其他正常 IDC，从而避免因为单 IDC 故障引起的大批量业务受到影响。

（3）依赖服务不可用。如果你的服务依赖于另一个服务，当另一个服务出现问题时，会拖慢甚至拖垮你的服务。而服务治理可以通过熔断，在依赖服务异常的情况下，一段时期内停止发起调用而直接返回。这样一方面保证了服务消费者能够不被拖垮，另一方面也给服务提供者减少了压力，使其能够尽快恢复。

## 5.1.3 微服务的优缺点

1. 微服务的优点

（1）微服务是松耦合的，无论是在开发阶段还是部署阶段都是独立的。

（2）能够快速响应，局部修改容易，一个服务出现问题不会影响整个应用。

（3）易于和第三方应用系统集成，支持使用不同的语言开发，允许融合最新技术。

（4）每个微服务都很小，足够内聚，足够小，代码容易理解。团队能够更关注自己的工作成果，聚焦指定的业务功能或业务需求。

（5）开发简单，开发效率高，一个服务可能就是专一地只干一件事，能够被小团队单独开发，这个小团队可以由 2~5 个开发人员组成。

2. 微服务的缺点

（1）微服务架构带来了过多的运维操作，可能需要团队具备一定的 DevOps 技巧。

（2）分布式系统可能复杂难以管理。因为分布部署跟踪问题难，当服务数量增加后，管理复杂性也会增加。

## 5.2 服务容器化

### 1. 微服务带来的问题

（1）测试和运维部署的成本提升。单体应用拆分成多个微服务后，能够实现快速开发迭代，但随之而来是测试和运维部署成本的提升，拆分成多个微服务后，有的业务需求需要同时修改多个微服务的代码，此时就有多个微服务都需要打包、测试和上线发布，一个业务需求就需要同时测试多个微服务接口的功能，上线发布多个系统，增加了很多测试和运维的工作量。

（2）微服务的软件配置依赖不同。拆分后的微服务相比原来大的单体应用更加灵活，经常要根据实际的访问量做在线扩缩容，而且通常会采用在公有云上创建的ECS来扩缩容。这又给微服务的运维带来另一个挑战，因为公有云上创建的ECS通常只包含基本的操作系统环境，微服务运行依赖的软件配置等需要运维再单独进行初始化工作，因为不同的微服务的软件配置依赖不同，比如Java服务依赖于JDK，就需要在ECS上安装JDK，而且可能不同的微服务依赖的JDK版本也不相同，一般情况下新的业务可能依赖的版本比较新，如JDK 8，而有些旧业务可能依赖的版本还是JDK 6，为此服务部署的初始化工作十分烦琐。

### 2. 容器化解决的问题

（1）环境一致问题。镜像解决了DevOps中微服务运行的环境难以在本地环境、测试环境及线上环境保持一致的难题。如此一来，开发就可以把在本地环境中运行测试通过的代码，以及依赖的软件和操作系统本身打包成一个镜像，然后自动部署在测试环境中进行测试，测试通过后再自动发布到线上环境中，整个开发、测试和发布的流程就打通了。

（2）Docker镜像运行环境封装。无论是使用内部物理机还是公有云的机器部署服务，都可以利用Docker镜像把微服务运行环境封装起来，从而屏蔽机器内部物理机和公有云机器运行环境的差异，实现同等对待，降低运维的复杂度。

（3）Docker能帮助解决服务运行环境可迁移问题的关键，就在于Docker镜像的使用上。实际在使用Docker镜像时往往并不是把业务代码、依赖的软件环境及操作系统本身直接都打包成一个镜像，而是利用Docker镜像的分层机制，在每一层通过编写Dockerfile文件来逐层打包镜像。这是因为虽然不同的微服务依赖的软件环境不同，但是还是存在大大小小的相同之处，因此在打包Docker镜像时，可以分层设计、逐层复用，这样可以减少每一层镜像文件的大小。

### 3. 微服务容器化运维

业务容器化后，运维面对的不再是一台台实实在在的物理机或者虚拟机，而是一个个 Docker 容器，它们可能都没有固定的 IP，要想发布服务，需要用一个面向容器的新型运维平台。

一个容器运维平台通常包含以下几个组成部分：镜像仓库、资源调度、容器调度、调度策略、服务编排。

1）镜像仓库

（1）权限控制。

镜像仓库都设有两层权限控制：一是必须登录才可以访问，这是最外层的控制，它规定了哪些人可以访问镜像仓库；二是对镜像按照项目的方式进行划分，每个项目拥有自己的镜像仓库目录，并且给每个项目设置项目管理员、开发者及客人 3 个角色，只有项目管理员和开发者拥有自己镜像仓库目录下镜像的修改权限，而客人只拥有访问权限，项目管理员可以为这个项目设置哪些人是开发者。

（2）镜像同步。

在实际的生产环境中，往往需要把镜像同时发布到几十台或者上百台集群节点上，单个镜像仓库实例往往受带宽限制无法同时满足大量节点的下载需求，此时就需要配置多个镜像仓库实例来做负载均衡，同时也会产生镜像在多个镜像仓库实例之间同步的问题。一般来说，有两种解决方案，一种是一主多从，主从复制的方案，比如开源镜像仓库 Harbor 采用了这种方案；另一种是 P2P 的方案，如阿里的容器镜像分发系统蜻蜓就采用了 P2P 方案。

（3）高可用性。

一般而言，高可用性设计无非就是把服务部署在多个 IDC，这样即使有 IDC 出现问题，也可以把服务迁移到其他正常的 IDC 中去。

2）资源调度

为了解决资源调度的问题，Docker 官方提供了 Docker Machine 功能，通过 Docker Machine 可以在企业内部的物理机集群，或者虚拟机集群（如 OpenStack 集群），又或者公有云集群（如 AWS 集群）等上创建机器并且直接部署容器。Docker Machine 的功能虽然很好，但是对于大部分已经发展了一段时间的业务团队来说，并不能直接拿来使用。

（1）物理机集群。

大部分中小团队应该都拥有自己的物理机集群，并且大多按照集群—服务池—服务器这种模式进行运维。

（2）虚拟机集群。

很多业务团队在使用物理机集群后，发现物理机集群存在使用率不高、业务迁移不灵活的问题，因此纷纷转向了虚拟化方向，构建自己的私有云，比如以 OpenStack 技术为主的私有云集群在国内外很多业务团队中都有大规模的应用。

（3）公有云集群。

现在越来越多的业务团队，尤其是初创公司，因为公有云快速灵活的特性，纷纷在公有云上搭建自己的业务。公有云最大的好处除了快速灵活、分钟级即可实现上百台机器的创建，还有一个优点就是配置统一、便于管理，不存在机器配置碎片化问题。

3）容器调度

容器调度是指，假如现在集群里有一批可用的物理机或者虚拟机，当服务需要发布时，该选择哪些机器部署容器。

比如集群里只有 10 台机器，并且已经有 5 台机器运行着其他容器，剩余 5 台机器空闲着，如果此时有一个服务要发布，但只需要 3 台机器即可。这时可以靠运维人为地从 5 台空闲的机器中选取 3 台机器，然后把服务的 Docker 镜像下载下来，再启动 Docker 容器服务即可完成发布。

这时如果集群中有上百台机器，就需要有专门的容器调度系统，为此也诞生了不少基于 Docker 的容器调度系统，比如 Docker 原生的调度系统 Swarm、Mesosphere 出品的 Mesos，以及 Google 开源的 Kubernetes。

4）调度策略

调度策略主要是为了解决容器创建时选择哪些主机最合适的问题，一般都是通过给主机打分来实现的。比如 Swarm 就包含了两种类似的策略：spread 和 binpack，它们都会根据每台主机的可用 CPU、内存及正在运行的容器的数量来打分。spread 策略会选择一个资源使用最少的节点，以使容器尽可能地分布在不同的主机上运行。它的好处是可以使每台主机的负载都比较平均，而且如果有一台主机有故障，受影响的容器也最少。而 binpack 策略恰恰相反，它会选择一个资源使用最多的节点，从而让容器尽可能地运行在少数机器上，节省资源的同时也避免了主机使用资源的碎片化。

具体选择哪种调度策略，还要综合实际的业务场景，通常的场景有以下几种。

（1）各主机的配置基本相同，并且使用也比较简单，一台主机上只创建一个容器。这样的话，每次创建容器时，直接从还没有创建过容器的主机中随机选择一台即可。

（2）在某些在线、离线业务混布的场景下，为了达到主机资源使用率最高的目标，需要综合考量容器中跑的任务的特点，比如在线业务主要使用 CPU 资源，而离线业务主要使用磁盘和 I/O 资源，这两种业务的容器大部分情况下适合混跑在一起。

（3）还有一种业务场景，主机上的资源都是充足的，每个容器只要划定了所用的资源限制，理论上跑在一起是没有问题的，但是有些时候会出现对某个资源的抢占，比如都是 CPU 密集型或者 I/O 密集型的业务，就不适合容器混跑在一台主机上。

5）服务编排

（1）服务依赖。

大部分情况下，微服务之间是相互独立的，在进行容器调度时不需要考虑彼此。但有时也会存在一些场景，比如服务 A 调度的前提必须是先有服务 B，这就要求在进行容器调度时，还需要考虑服务之间的依赖关系。

Docker 官方提供了 Docker Compose 的解决方案，它允许用户通过一个单独的 docker-compose.yaml 文件来定义一组相互关联的容器组成一个项目，从而以项目的形式来管理应用。比如要实现一个 Web 项目，不仅要创建 Web 容器（如 Tomcat 容器），还需要创建数据库容器（如 MySQL 容器）、负载均衡容器（如 Nginx 容器）等，此时就可以通过 docker-compose.yaml 来配置这个 Web 项目里包含的 3 个容器。

（2）服务发现。

容器调度完成以后，容器就可以启动了，但此时容器还不能对外提供服务，服务消费者并不知道这个新的节点，所以必须具备服务发现机制，使得新的容器节点能够加入到线上服务中去。

基于Nginx的服务发现主要是针对提供HTTP服务的，当有新的容器节点时，修改Nginx的节点列表配置，然后利用 Nginx 的重新加载机制，会重新读取配置，从而把新的节点加载进来。比如基于 Consul-Template 和 Consul，把 Consul 作为 DB 存储容器的节点列表，Consul-Template 部署在 Nginx 上，Consul-Template 定期去请求 Consul，如果 Consul 中存储的节点列表发生变化，就会更新 Nginx 的本地配置文件，然后 Nginx 就会重新加载配置。

基于注册中心的服务发现主要是针对提供 RPC 服务的，当有新的容器节点时，需要调用注册中心提供的服务注册接口。在使用这种方式时，如果服务部署在多个 IDC，就要求容器节点分 IDC 进行注册，以便实现同 IDC 内就近访问。以微博的业务为例，微博服务除了部署在内部的两个 IDC，还在阿里云上有部署，这样，内部机房上创建的容器节点应该加入到内部 IDC 分组，而云上的节点应该加入到阿里云的 IDC。

（3）自动扩缩容。

容器完成调度后，仅仅做到有容器不可用时故障自愈还不够，有时还需要根据实际服务的运行状况，做到自动扩缩容。

一个很常见的场景就是，大部分互联网业务的访问呈现出访问时间的规律性。以微博业务为例，白天和晚上的使用人数远远大于凌晨的使用人数；而白天和晚上的使用人数也不是平均分布的，午高峰 12 点半和晚高峰 10 点半是使用人数最多的时刻。这时就需要根据实际使用需求，在午高峰和晚高峰时刻，增加容器的数量，确保服务的稳定性；在凌晨以后减少容器的数量，减少服务使用的资源成本。

## 5.3 微服务的创建与部署

### 5.3.1 DevOps

传统的业务上线流程是：开发人员开发完业务代码后，把自测通过的代码打包交给测试人员，然后测试人员把代码部署在测试环境中进行测试，如果测试不通过，就反馈问题给开发人员进行修复；如果通过，开发人员就把测试人员通过的代码交给运维人员打包，然后运维人员再发布到线上环境中去。

可见在传统的开发模式下，开发人员、测试人员和运维人员的职责划分十分明确，他们往往分属于不同的职能部门，一次业务上线流程需要三者之间进行多次沟通，整个周期基本上是以天为单位。假如能够把开发、测试和发布流程串联起来，就像生产流水线那样，每个步骤完成后，就自动执行下一个步骤，无须过多的人为干预，业务的迭代效率就会大大提升。

因此，DevOps 应运而生，它是一种新型的业务研发流程，业务开发人员不仅需要负责业务代码的开发，还需要负责业务的测试及上线发布等全生命周期，真正做到掌控服务全流程。DevOps 就是图 5-5 所示的中心部分，集开发、测试和运维三者角色于一体。

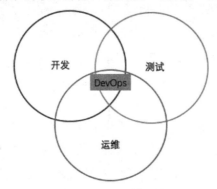

图 5-5  DevOps 示意图

而要实现 DevOps，就必须开发人员完成代码开发后，能自动进行测试，测试通过后，能自动发布到线上。对应的这两个过程就是 CI 和 CD，具体含义如下。

（1）CI（Continuous Integration），持续集成。开发人员完成代码开发后，能自动进行代码检查、单元测试、打包部署到测试环境，进行集成测试，跑自动化测试用例。

（2）CD（Continuous Deploy），持续部署。代码测试通过后，能自动部署到类生产环境中进行集成测试，测试通过后再进行小流量的灰度验证，验证通过后代码就达到线上发布的要求了，就可以把代码自动部署到线上。

其中，CD 还有另外一个解释，就是持续交付（Continuous Delivery），它与持续部署不同的是，持续交付只需要做到代码达到线上发布要求的阶段即可，接下来的代码部署到线上既可以选择手动部署，也可以选择自动部署。

比较通用的实现 DevOps 的方案主要有两种，一种是使用 Jenkins，一种是使用 GitLab。如图 5-6 所示，一个服务的发布流程主要包含如下 3 个步骤。

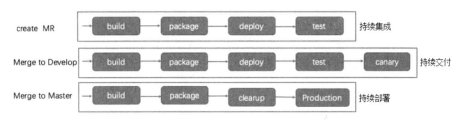

图 5-6　服务的发布流程

1）持续集成

这个步骤的主要作用是确保每一次代码的 Merge Request 都测试通过，可随时合并到代码的 Develop 分支，主要包括 4 个阶段：build 阶段（开发分支代码的编译与单元测试）、package 阶段（开发分支代码打包成 Docker 镜像）、deploy 阶段（开发分支代码部署到测试环境）、test 阶段（开发分支代码集成测试）。

2）持续交付

这个步骤的主要作用是确保所有代码合并 Merge Request 到 Develop 分支后，Develop 分支的代码能够在生产环境中测试通过，并进行小流量灰度验证，可随时交付到线上。主要包括 5 个阶段：build 阶段（Develop 分支代码的编译与单元测试）、package 阶段（Develop 分支代码打包成 Docker 镜像）、deploy 阶段（Develop 分支代码部署到测试环境）、test 阶段（Develop 分支代码集成测试）、canary 阶段（Develop 分支代码的小流量灰度验证）。

3）持续部署

这个步骤的主要作用是合并 Develop 分支到 Master 主干，并打包成 Docker 镜像，可随时发布到线上。主要包括 4 个阶段：build 阶段（Master 主干代码的编译与单元测试）、package 阶段（Master 主干代码打包成 Docker 镜像）、clearup 阶段（Master 主干代码 Merge 回 Develop 分支）、production 阶段（Master 主干代码发布到线上）。

**1. 持续集成阶段**

1）代码检查

通过代码检查可以发现代码潜在的一些错误，如 Java 对象有可能是 null 空指针等，实际执行时可以在持续集成阶段集成类似 Sonarqube 之类的工具来实现代码检查。

2）单元测试

单元测试是保证代码运行质量的第二个关卡。单元测试是针对每个具体代码模块的，单元测试的覆盖度越高，各个代码模块出错的概率就越小。不过在实际业务开发过程中，为了追求开发速度，许多开发者并不在意单元测试的覆盖度，而是把大部分测试工作都留在了集成测试阶段，这样可能会造成集成测试阶段返工的次数太多，需要多次修复漏洞才能通过集成测试。尤其对于业务复杂度比较高的服务来说，在单元测试阶段多花费一些工夫，其实从整个代码开发周期角度来看，收益还是要远大于付出的。

3）集成测试

集成测试就是将各个代码的修改集成到一起，统一部署在测试环境中进行测试。为了实现整个流程的自动化，集成自测阶段的主要任务就是跑每个服务的自动化测试用例，所以自动化测试用例覆盖得越全，集成测试的可靠性就越高。这就要求开发和测试能及时沟通，在新的业务需求确定时，就开始编写测试用例，这样在跑自动化测试用例时，就不需要测试的介入了，节省了沟通成本。当然，业务开发人员也可以自己编写测试用例，这样就不需要专职的业务测试人员了。

### 2. 持续交付阶段

持续交付阶段的主要目的是保证最新的业务代码能够在类生产环境中正常运行。一般做法都是从线上生成环境中摘掉两个节点，然后在这两个节点上部署最新的业务代码，再进行集成测试，集成测试通过后再引入线上流量，来观察服务是否正常。通常需要解决以下两个问题。

如何从线上生产环境中摘除两个节点。这就需要接入线上容器管理平台，比如微博的容器管理平台 DCP 就提供了 API，能够从线上生产环境中摘除某个节点，然后部署最新的业务代码。

如何观察服务是否正常。由于这两个节点上运行的代码是最新的代码，在引入线上流量后可能会出现内存泄露等在集成测试阶段无法发现的问题，所以在这个阶段，这两个节点上运行最新代码后的状态必须与线上其他节点一致。实际观察时，主要有两个手段，一个是观察节点本身的状态，如 CPU、内存、I/O、网卡等；一个是观察业务运行产生的 warn、error 的日志量大小，尤其是当 error 日志量有异常时，往往说明最新的代码可能存在异常，需要处理后才能发布到线上。

### 3. 持续部署阶段

持续部署阶段的主要目的是把在类生产环境下运行通过的代码自动发布到线上所有节点中去。

## 5.3.2 Service Mesh

Service Mesh（服务网格）的概念最早是由 Buoyant 公司的 CEO William Morgan 在一篇文章中提出的，他给出的定义是：

Service Mesh 是一种新型的用于处理服务与服务之间通信的技术，尤其适用于以云原生应用形式部署的服务，能够保证服务与服务之间调用的可靠性。在实际部署时，Service Mesh 通常以轻量级的网络代理方式与应用的代码部署在一起，从而以应用无感知的方式实现服务治理。

### 1. 与传统的微服务架构的本质区别

Service Mesh 以轻量级的网络代理方式与应用的代码部署在一起，用于保证服务与服务之间调用的可靠性，这与传统的微服务架构有着本质区别，具体体现在以下两点。

（1）跨语言服务调用的需要。大多数公司通常都存在多个业务团队，每个团队业务所采用的开发语言一般都不相同。以微博的业务为例，移动服务端的业务主要采用的是 PHP 语言开发，API 平台的业务主要采用的是 Java 语言开发，移动服务端调用 API 平台使用的是 HTTP 请求。如果要进行服务化，改成 RPC 调用，就需要一种既支持 PHP 语言又支持 Java 语言的服务化框架。

（2）云原生应用服务治理的需要。现在微服务越来越多开始容器化，并使用类似 Kubernetes 的容器平台对服务进行管理，逐步向云原生应用的方向进化。而传统的服务治理要求在业务代码里集成服务框架的 SDK，这显然与云原生应用的理念相悖，因此迫切需要一种对业务代码无侵入的适合云原生应用的服务治理方式。

#### 2. Service Mesh 的实现原理

Buoyant 公司开发的第一代 Service Mesh 产品 Linkerd 如图 5-7 所示，服务 A 要调用服务 B，经过 Linkerd 来代理转发，服务 A 和服务 B 的业务代码不需要关心服务框架功能的实现。为此 Linkerd 需要具备负载均衡、熔断、超时重试、监控统计及服务路由等功能。这样，对于跨语言服务调用来说，即使服务消费者和服务提供者采用的语言不同，也不需要集成各自语言的 SDK。

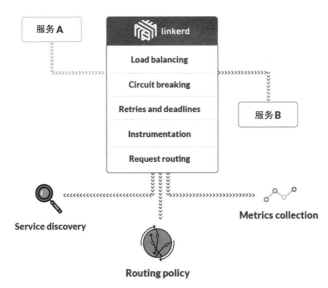

图 5-7　Linkerd 服务产品

而对于云原生应用来说，可以在每个服务部署的实例上，都同等地部署一个 Linkerd 实例。如图 5-8 所示，服务 A 要想调用服务 B，首先调用本地的 Linkerd 实例，经过本地的 Linkerd 实例转发给服务 B 所在节点上的 Linkerd 实例，最后再由服务 B 本地的 Linkerd 实例把请求转发给服务 B。这样，所有的服务调用都得经过 Linkerd 进行代理转发，所有的 Linkerd 组合起来就像一个网格一样，这也是为什么把这项技术称为 Service Mesh，也就是"服务网格"的原因。

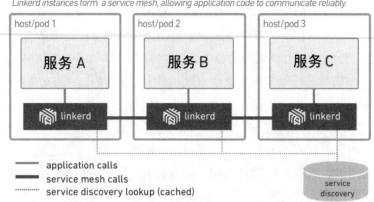

图 5-8 服务网格

可见 Service Mesh 的实现原理有以下两个。

（1）一个是轻量级的网络代理，也被称为 SideCar，它的作用就是转发服务之间的调用。

（2）一个是基于 SideCar 的服务治理，也被称为 Control Plane，它的作用是向 SideCar 发送各种指令，以完成各种服务治理功能。

3. SideCar

在传统的微服务架构下服务调用的原理如图 5-9 所示，服务消费者除了自身的业务逻辑实现，还需要集成部分服务框架的逻辑，如服务发现、负载均衡、熔断降级、封装调用等；而服务提供者除了实现服务的业务逻辑外，也要集成部分服务框架的逻辑，如线程池、限流降级、服务注册等。

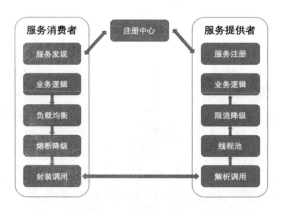

图 5-9 传统微服务框架

而在 Service Mesh 架构中，服务框架的功能都集中在 SideCar 中实现，并在每一个服务消费者和服务提供者的本地都部署一个 SideCar，服务消费者和服务提供者只负责自己的业务实现，服务消费者向本地的 SideCar 发起请求，本地的 SideCar 根据请求的路径向注册中心查询，得到服务提供者的可用节点列表后，再根据负载均衡策略选择一个服务提供者节点，并向这个节点上的 SideCar 转发请求，服务提供者节点上的 SideCar 完成流量统计、限流等功能后，再把请求转发给本地部署的服务提供者进程，从而完成一次服务请求。整个流程可以参考图 5-10。

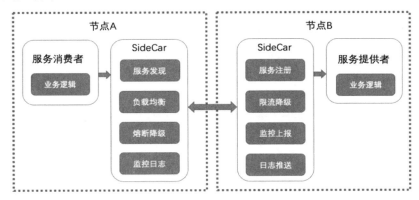

图 5-10　Service Mesh 服务框架

服务消费者节点上的 SideCar 称为正向代理，服务提供者节点上的 SideCar 称为反向代理，那么 Service Mesh 架构的关键点就在于服务消费者发出的请求如何通过正向代理转发，以及服务提供者收到的请求如何通过反向代理转发。

基于 iptables 的网络拦截是一种解决方案。这种方案如图 5-11 所示，节点 A 上的服务消费者发出的 TCP 请求都会被拦截，然后发送给正向代理监听的端口 15001，正向代理处理完成后再把请求转发到节点 B 的端口 9080。节点 B 端口 9080 上的所有请求都会被拦截发送给反向代理监听的端口 15001，反向代理处理完后再转发给本机上服务提供者监听的端口 9080。

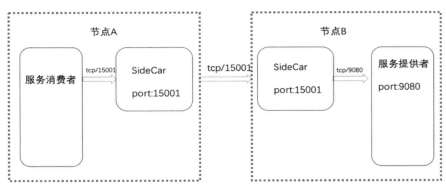

图 5-11　基于 iptables 的网络拦截

既然 SideCar 能实现服务之间的调用拦截功能，那么服务之间的所有流量都可以通过 SideCar 来转发，这样所有的 SideCar 就组成了一个服务网格，再通过一个统一的地方与各个 SideCar 交互，就能控制网格中流量的运转了，这个统一的地方在 Service Mesh 中就被称为 Control Plane，如图 5-12 所示。

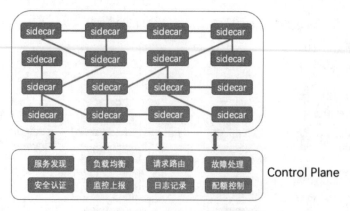

图 5-12　Control Plane 的主要作用

### 4. Control Plane 的主要作用

Control Plane 包括以下几方面。

1）服务发现

服务提供者会通过 SideCar 注册到 Control Plane 的注册中心，这样服务消费者把请求发送给 SideCar 后，SideCar 就会查询 Control Plane 的注册中心来获取服务提供者节点列表。

2）负载均衡

SideCar 从 Control Plane 获取到服务提供者节点列表信息后，需要按照一定的负载均衡算法从可用的节点列表中选取一个节点发起调用，可以通过 Control Plane 动态修改 SideCar 中的负载均衡配置。

3）请求路由

SideCar 从 Control Plane 获取的服务提供者节点列表，也可以通过 Control Plane 来动态改变，如需要进行 A/B 测试、灰度发布或者流量切换时，就可以动态地改变请求路由。

4）故障处理

服务之间的调用如果出现故障，就需要加以控制，常用的手段有超时重试、熔断等，这些都可以在 SideCar 转发请求时，通过 Control Plane 动态配置。

5）安全认证

可以通过 Control Plane 控制一个服务可以被谁访问，以及访问哪些信息。

6）监控上报

所有 SideCar 转发的请求信息都会发送到 Control Plane，再由 Control Plane 发送给监控系统，如 Prometheus 等。

7）日志记录

所有 SideCar 转发的日志信息也会发送到 Control Plane，再由 Control Plane 发送给日志系统，如 Stackdriver 等。

8）配额控制

可以在 Control Plane 中为服务的每个调用方配置最大调用次数，在 SideCar 转发请求给某个服务时，会审计调用是否超出服务对应的次数限制。

### 5.3.3 Istio

随着技术的发展，如今再谈到 Service Mesh 时，往往第一个想到的是 Istio。之所以说 Istio 是 Service Mesh 的代表产品，主要有以下几个原因。

（1）相比 Linkerd，Istio 引入了 Control Plane 的理念，通过 Control Plane 能带来强大的服务治理能力，可以称得上是 Linkerd 的进化，算是第二代 Service Mesh 产品。

（2）Istio 默认的 SideCar 采用了 Envoy，它是用 C++语言实现的，在性能和资源消耗上比采用 Scala 语言实现的 Linkerd 小，这点对于延迟敏感型和资源敏感型的服务来说尤其重要。

（3）有 Google 和 IBM 的背书，尤其是在微服务容器化的大趋势下，云原生应用越来越受欢迎，而 Google 开源的 Kubernetes 可以说已经成为云原生应用默认采用的容器平台。基于此，Google 可以将 Kubernetes 与 Istio 很自然地整合，打造成云原生应用默认采用的服务治理方案。

如图 5-13 所示，Istio 的架构由两部分组成，分别是 Proxy 和 Control Plane。

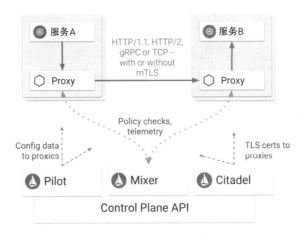

图 5-13　Istio 的架构

Proxy 就是前面提到的 SideCar，与应用程序部署在同一个主机上，应用程序之间的调用都通过 Proxy 来转发，目前支持 HTTP/1.1、HTTP/2、gRPC 及 TCP 请求。

Control Plane 与 Proxy 通信，来实现各种服务治理功能，包括 3 个基本组件：Pilot、Mixer 及 Citadel。

1. Proxy

Istio 的 Proxy 采用的是 Envoy，Envoy 与前面提到的 Linkerd 是同一代产品，既要作为服务消费者端的正向代理，又要作为服务提供者端的反向代理，一般需要具备服务发现、服务注册、负载均衡、限流降级、超时熔断、动态路由、监控上报和日志推送等功能。

Envoy 主要包含以下几个特性。

1）性能损耗低

因为采用了 C++ 语言实现，Envoy 能提供极高的吞吐量和极少的长尾延迟，而且对系统的 CPU 和内存资源占用也不大，所以跟业务进程部署在一起不会对业务进程造成影响。

2）可扩展性高

Envoy 提供了可插拔过滤器的能力，用户可以开发定制过滤器以满足自己特定的需求。

3）动态可配置

Envoy 对外提供了统一的 API，包括 CDS（集群发现服务）、RDS（路由发现服务）、LDS（监听器发现服务）、EDS（EndPoint 发现服务）、HDS（健康检查服务）、ADS（聚合发现服务）等。通过调用这些 API，可以实现相应配置的动态变更，而无须重启 Envoy。

2. Pilot

Pilot 的作用是实现流量控制，它通过向 Envoy 下发各种指令来实现流量控制，其架构如图 5-14 所示。从架构图中可以看出，Pilot 主要包含以下几个部分。

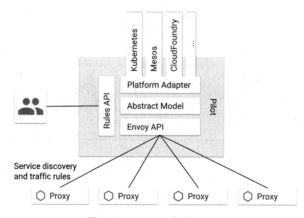

图 5-14　Envoy 架构图

（1）Rules API。

对外封装统一的 API，供服务的开发者或者运维人员调用，可以用于流量控制。

（2）Envoy API。

对内封装统一的 API，供 Envoy 调用以获取注册信息、流量控制信息等。

（3）Abstract Model（抽象模型层）。

对服务的注册信息、流量控制规则等进行抽象，使其描述与平台无关。

（4）Platform Adapter（平台适配层）。

用于适配各个平台如 Kubernetes、Mesos、Cloud Foundry 等，把平台特定的注册信息、资源信息等转换成抽象模型层定义的与平台无关的描述。

Pilot 是如何实现流量管理功能的呢？

（1）服务发现和负载均衡。如图 5-15 所描述的那样，服务 B（也就是服务提供者）注册到对应平台的注册中心中去，如 Kubernetes 集群中的 Pod，启动时会注册到注册中心 etcd 中。然后服务 A（也就是服务消费者）在调用服务 B 时，请求会被 Proxy 拦截，然后 Proxy 会调用 Pilot 查询可用的服务提供者节点，再以某种负载均衡算法选择一个节点发起调用。此外，Proxy 还会定期检查缓存的服务提供者节点的健康状况，当某个节点连续多次健康检查失败后，就会被 Proxy 从缓存的服务提供者节点列表中剔除。

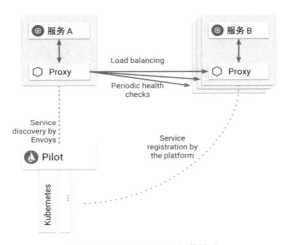

图 5-15　服务发现和负载均衡

（2）请求路由。Pilot 可以对服务进行版本和环境的细分，服务 B 包含两个版本：v1.5 和 v2.0-alpha，其中，v1.5 是生产环境运行的版本，而 v2.0-alpha 是灰度环境运行的版本。当需要做 A/B 测试时，希望灰度服务 B 的 1%流量运行 v2.0-alpha 版本，就可以通过调用 Pilot 提供的 Rules API，Pilot 就会向 Proxy 下发路由规则，Proxy 在转发请求时就按照给定的路由规则，把 1%的流量转发给服务 B 的 v2.0-alpha 版本，99%的流量转发给服务 B 的 v1.5 版本，如图 5-16 所示。

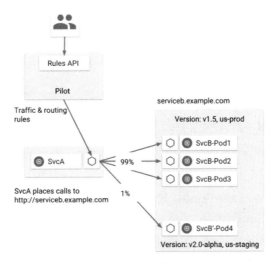

图 5-16　路由规则

（3）超时重试。默认状态下，Proxy 转发 HTTP 请求时的超时是 15 秒，可以通过调用 Pilot 提供的 Rules API 来修改路由规则，覆盖这个限制。比如下面这段路由规则，表达的意思是 ratings 服务的超时时间是 10 秒。

```
apiVersion: networking.istio.io/v1alpha3
kind: VirtualService
metadata:
  name: ratings
spec:
  hosts:
    - ratings
  http:
  - route:
    - destination:
        host: ratings
        subset: v1
    timeout: 10s
```

（4）故障注入。Istio 还提供了故障注入的功能，能在不排除服务节点的情况下，通过修改路由规则，将特定的故障注入到网络中。它的原理是在 TCP 层制造数据包的延迟或者损坏，从而模拟服务超时和调用失败的场景，以此来观察应用是否健壮。比如下面这段路由规则的意思是，对 v1 版本的 ratings 服务流量中的 10%注入 5 秒的延迟。

```
apiVersion: networking.istio.io/v1alpha3
kind: VirtualService
metadata:
  name: ratings
spec:
  hosts:
  - ratings
  http:
  - fault:
      delay:
        percent: 10
        fixedDelay: 5s
    route:
    - destination:
        host: ratings
        subset: v1
```

3. Mixer

Mixer 的作用是实现策略控制和监控日志收集等功能，实现方式是每一次 Proxy 转发的请求都要调用 Mixer，它的架构如图 5-17 所示。而且 Mixer 的实现是可扩展的，通过适配层来适配不同的后端平台，这样 Istio 的其他部分就不需要关心各个基础设施，如日志系统、监控系统的实现细节等。

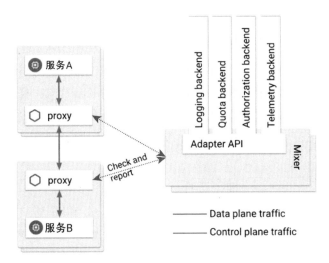

图 5-17　Mixer 架构图

理论上每一次的服务调用 Proxy 都需要调用 Mixer，一方面检查调用的合法性，一方面要上报服务的监控信息和日志信息，所以这就要求 Mixer 必须是高可用和低延迟的，那么 Mixer 是如何做到的呢？图 5-18 是它的实现原理，从图中可以看到 Mixer 实现了两级的缓存结构。

（1）Proxy 的本地缓存。为了减少 Proxy 对 Mixer 的调用，以尽量降低服务调用的延迟，在 Proxy 这一端会有一层本地缓存，但由于 Proxy 作为 SideCar 与每个服务实例部署在同一个节点上，所以不能对服务节点有太多的内存消耗，所以就限制了 Proxy 本地缓存的大小和命中率。

（2）Mixer 的本地缓存。Mixer 是独立运行的，所以可以在 Mixer 这一层使用大容量的本地缓存，从而减少对后端基础设施的调用，一方面可以减少延迟，另一方面也可以最大限度地减少后端基础设施故障给服务调用带来的影响。

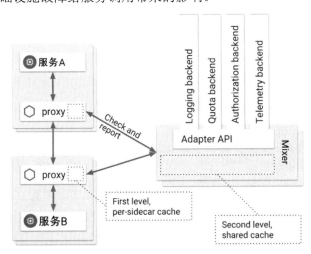

图 5-18　两级的缓存结构

Mixer 是如何实现策略控制和监控日志收集功能呢？

（1）策略控制。Istio 支持两类策略控制，一类是对服务的调用进行速率限制，一类是对服务的调用进行访问控制，它们都是通过在 Mixer 中配置规则来实现的。

（2）监控日志收集。跟策略控制的实现原理类似，Mixer 的监控日志收集功能也是通过配置监控 yaml 文件来实现的，Proxy 发起的每一次服务调用都会先调用 Mixer，把监控信息发给 Mixer，Mixer 再根据配置的 yaml 文件来决定监控信息发送的目的地。

### 4. Citadel

Citadel 的作用是保证服务之间访问的安全，它的工作原理如图 5-19 所示，可以看出实际的安全保障并不是 Citadel 独立完成的，而是需要 Proxy、Pilot 及 Mixer 的配合。具体来讲，Citadel 里存储了密钥和证书，通过 Pilot 把授权策略和安全命名信息分发给 Proxy。Proxy 与 Proxy 之间的调用使用双向 TLS 认证来保证服务调用的安全。最后由 Mixer 来管理授权和审计。

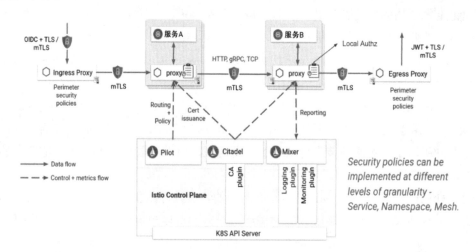

图 5-19　实现策略控制和监控日志收集功能

## 5.4　迁移到微服务

迁移到微服务的具体步骤如下。

（1）清理应用程序。确保应用程序具有良好的自动化测试套件，并使用了最新版本的软件包、框架和编程语言。

（2）重构应用程序，把它拆分成多个模块，为模块定义清晰的 API。不要让外部代码直接触及模块内部，所有的交互应该通过模块提供的 API 来进行。

（3）从应用程序中选择一个模块，并把它拆分成独立的应用程序，部署在相同的主机上。可以从中获得一些好处，而不会带来太多的运维麻烦。不过，仍然需要解决这两个应用之间的交互问题，虽然它们都部署在同一个主机上。同时，可以忽略微服务架构里固有的网络分区问题和分布式系统的可用性问题。

（4）把独立出来的模块移动到不同的主机上。现在，需要处理跨网络交互问题，这样可以让这两个系统之间的耦合降得更低。

（5）如果可能，可以重构数据存储系统，让另一个主机上的模块负责自己的数据存储。

# 第 6 章

# Kubernetes 架构解析

 **本章学习目标**

- 了解 Kubernetes 架构解析。
- 列举一些 Kubernetes 的简单例子。
- 了解 Kubernetes 的核心概念。
- 从 Kubernetes 架构解析。

本章首先向读者介绍 Kubernetes 架构解析，通过列举一些 Kubernetes 的简单例子来更好地了解 Kubernetes，再深入地挖掘 Kubernetes 核心概念，并从 Kubernetes 架构上来解析。

## 6.1 Kubernetes 基础简介

### 6.1.1 什么是 Kubernetes

首先，Kubernetes 是一个全新的基于容器技术的分布式架构领先方案。Kubernetes 是谷歌严格保密十几年的秘密武器——Borg 的一个开源版本。Borg 是谷歌内部使用的一个大规模集群管理系统，它基于容器技术，目的是实现资源管理的自动化，以及跨多个数据中心的资源利用率的最大化。

直到 2015 年 4 月，传闻许久的 Borg 论文伴随 Kubernetes 的高调宣传被谷歌首次公开，大家才得以了解它的更多内幕。

Kubernetes（简称 k8s，因为第一个字母 k 和最后一个字母 s 中间有 8 个字母），其概念为：Kubernetes 是一个完备的分布式系统支撑平台。Kubernetes 具有完备的集群管理能力，包括多层次的安全防护和准入机制、多租户应用支撑能力、透明的服务注册和服务发现机制、内建的智能负载均衡器、强大的故障发现和自我修复能力、服务滚动升级和在线扩容能力、可扩展的资源自动调度机制，以及多粒度的资源配额管理能力。同时，Kubernetes 提供了完善的管理工具，这些工具涵盖了包括开发、部署测试、运维监控在内的各个环节。因此，Kubernetes 是一个全新的基于容器技术的分布式架构解决方案，并且是一个一站式的完备的分布式系统开发和支撑平台，如图 6-1 所示。

图 6-1　Kubernetes

## 6.1.2　Kubernetes 基础知识

在 Kubernetes 中，Service 是分布式集群架构的核心，一个 Service 对象拥有以下 4 种关键特征。

（1）拥有唯一指定的名称（如 mysql-server）。
（2）拥有一个虚拟 IP（Cluster IP）和端口号。
（3）能够提供某种远程服务能力。
（4）能够将客户端对服务的访问请求转发到一组容器应用上。

Service 的服务进程目前都基于 Socket 通信方式对外提供服务，比如 Redis、Memcache、MySQL、Web Server，或者是实现了某个具体业务的特定 TCP Server 进程。虽然一个 Service 通常由多个相关的服务进程提供服务，每个服务进程都有一个独立的 Endpoint（IP+Port）访问点，但 Kubernetes 能够让用户通过 Service（虚拟 Cluster IP +Service Port）连接到指定的 Service。有了 Kubernetes 内建的透明负载均衡和故障恢复机制，不管后端有多少服务进程，也不管某个服务进程是否由于发生故障而被重新部署到其他机器，都不会影响对服务的正常调用。更重要的是，这个 Service 本身一旦创建就不再变化，这意味着用户再也不用为 Kubernetes 集群中服务的 IP 地址变来变去的问题而头疼了。

容器提供了强大的隔离功能，所以有必要把为 Service 提供服务的这组进程放入容器中进行隔离。为此，Kubernetes 设计了 Pod 对象，将每个服务进程都包装到相应的 Pod 中，使其成为在 Pod 中运行的一个容器（Container）。为了建立 Service 和 Pod 间的关联关系，Kubernetes 首先给每个 Pod 都贴上一个标签（Label），给运行 MySQL 的 Pod 贴上 name=mysql 标签，给运行 PHP 的 Pod 贴上 name=php 标签，然后给相应的 Service 定义标签选择器（Label Selector），比如 MySQL Service 的标签选择器的选择条件为 name=mysql，意为该 Service 要作用于所有包含 name=mysql Label 的 Pod。这样一来，就巧妙解决了 Service 与 Pod 的关联问题。

这里先简单介绍 Pod 的概念。首先，Pod 运行在一个被称为节点（Node）的环境中，这个节点既可以是物理机，也可以是私有云或者公有云中的一个虚拟机，通常在一个节点上运行着几百个 Pod；其次，在每个 Pod 中都运行着一个特殊的被称为 Pause 的容器，其他容器则为业务容器，这些业务容器共享 Pause 容器的网络栈和 Volume 挂载卷，因此它们之间的通信和数据交换更为高效，在设计时可以充分利用这一特性将一组密切相关的服务进程放入同一个 Pod 中；最后，需要注意的是，并不是每个 Pod 和它里面运行的容器都能被映射到一个 Service 上，只有提供服务（无论是对内还是对外）的那组 Pod 才会被映射为一个服务。

在集群管理方面，Kubernetes 将集群中的机器划分为一个 Master 和一些 Node。在 Master 上运行着集群管理相关的一组进程：kube-apiserver、kube-controller-manager 和 kubescheduler，这些进程实现了整个集群的资源管理、Pod 调度、弹性伸缩、安全控制、系统监控和纠错等管理功能，并且都是自动完成的。Node 作为集群中的工作节点，运行真正的应用程序，在 Node 上 Kubernetes 管理的最小运行单元是 Pod。在 Node 上运行着 Kubernetes 的 kubelet、kube-proxy 服务进程，这些服务进程负责 Pod 的创建、启动、监控、重启、销毁，以及实现软件模式的负载均衡器。最后，来看一下传统的 IT 系统中服务扩容和服务升级这两个难题。

在 Kubernetes 集群中，只需为需要扩容的 Service 关联的 Pod 创建一个 Deployment，服务扩容和服务升级等令人头疼的问题都迎刃而解。在一个 Deployment 定义文件中包括以下 3 个关键信息。

（1）目标 Pod 的定义。

（2）目标 Pod 需要运行的副本数量（Replicas）。

（3）要监控的目标 Pod 的标签。

在创建好 Deployment（系统将自动创建好 Pod）后，Kubernetes 会通过在 Deployment 中定义的 Label 筛选出对应的 Pod 实例并实时监控其状态和数量，如果实例数量少于定义的副本数量，则会根据在 Deployment 中定义的 Pod 模板创建一个新的 Pod，然后将此 Pod 调度到合适的 Node 上启动运行，直到 Pod 实例的数量达到预定目标。

为什么要用 Kubernetes？原因有以下几个。

首先，可以"轻装上阵"地开发复杂系统。

其次，可以全面拥抱微服务架构。微服务架构的核心是将一个巨大的单体应用分解为很多小的互相连接的微服务，一个微服务可能由多个实例副本支撑，副本的数量可以随着系统的负荷变化进行调整。

再次，可以随时随地将系统整体"搬迁"到公有云上。Kubernetes 最初的设计目标就是让用户的应用运行在谷歌自家的公有云 GCE 中，华为云（CCE）、阿里云（ACK）和腾讯云（TKE）先后宣布支持 Kubernetes 集群。

Kubernetes 内在的服务弹性扩容机制可以让用户轻松应对突发流量，Kubernetes 系统架构超强的横向扩容能力可以让用户的竞争力大大提升。

## 6.2 Kubernetes 的核心概念

### 1. k8s 的资源对象主要分为两种

（1）某种资源的对象，如节点（Node）、Pod、服务（Service）、存储卷（Volume）等。

（2）与资源对象相关的事物与动作，如标签（Label）、注解（Annotation）、命名空间

（Namespace）、部署（Deployment）、HPA、PVC 等。

k8s 资源对象可以用 yaml 或者 json 格式声明。每个资源对象都有自己的特定结构定义，并统一保存在 etcd 这种非关系型数据库中。资源对象可以通过 k8s 提供的工具 kubectl 工具进行增删改，如以下内容说明。

```
# SOURCE: https://cloud.google.com/kubernetes-engine/docs/tutorials/guestbook
apiVersion: apps/v1         #版本
kind: Deployment            #类别
metadata:
  name: frontend            #名称
spec:
  replicas: 3
  selector:
    matchLabels:
       app: guestbook
       tier: frontend
  template:
    metadata:
      labels:                #标签
       ...
```

如上代码所示，每个资源对象都包含以下几个通用属性。

（1）版本：版本信息里面包括了对此对象所属的资源组，一些资源对象的属性会随着版本的升级而变化。

（2）类别：定义资源的类型。

（3）名称：名称在全局唯一。

（4）标签：k8s 通过标签来表明资源对象的特征、类别，以及通过标签筛选不同的资源对象并实现对象之间的关联、控制或协作功能。

（5）注解：一种特殊的标签，通用于实现资源对象属性的自定义扩展。

2．主要资源

（1）Pod：Pod 是 Kubernetes 创建或部署的最小/最简单的基本单位，一个 Pod 代表集群上正在运行的一个进程。

（2）ReplicaSet：它的主要作用是确保 Pod 以用户指定的副本数运行，即如果有容器异常退出，会自动创建新的 Pod 来替代；而异常多出来的容器也会自动回收。

（3）Deployment：Deployment 定义了一组 Pod 的信息。Deployment 的主要职责与 RC 相似，同样是为了保证 pod 的数量和健康。此外还支持滚动升级、回滚等多种升级方案。

（4）DaemonSet：DaemonSet 确保全部（或者某些）节点上运行一个 Pod 的副本。当有节点加入集群时，也会为他们新增一个 Pod。当有节点从集群移除时，这些 Pod 也会被回收。

（5）Job：批处理任务通常并行（或串行）启动多个计算进程去处理一批工作项（work item），处理完成后，整个批处理任务结束。

（6）CronJob：CronJob 即定时任务，类似于 Linux 系统的 crontab，在指定的时间周期运行指定的任务。

（7）StatefulSet：StatefulSet 里的每个 Pod 都有稳定、唯一的网络标识，可以用来发现集群内的其他成员。

### 3. Pod 配置

（1）ConfigMap：ConfigMap 存储 Pod 的配置文件。

（2）Secret：加密数据存储。

### 4. 存储类

（1）PersistentVolume：声明容器中可以访问的文件目录，被挂载到一个或多个 Pod 上。并且支持多样的存储类型。

（2）PersistentVolumeClaim：处理集群中的存储请求，绑定特定的 pv，将请求进行存储。

（3）StorageClass：StorageClass 对象会定义下面两部分内容：①PV 的属性，如存储类型、Volume 的大小等。②创建这种 PV 需要用到的存储插件。有了这两个信息后，Kubernetes 就能够根据用户提交的 PVC 找到一个对应的 StorageClass，之后 Kubernetes 就会调用该 StorageClass 声明的存储插件，进而创建出需要的 PV。但是其实使用起来是一件很简单的事情，只需要根据自己的需求编写 YAML 文件，然后使用 kubectl create 命令执行即可。

### 5. 网络资源类

（1）Ingress：Ingress 对象其实就是对"反向代理"的一种抽象，简单的说就是一个全局的负载均衡器，可以通过访问 URL 定位到后端的 Service。

有了 Ingress 这个抽象，k8s 就不需要关心 Ingress 的细节了，实际使用时，只需要选择一个具体的 Ingress Controller 部署即可，业界常用的反向代理项目有 Nginx、HAProxy、Envoy 和 Traefik，都已经成为了 k8s 专门维护的 Ingress Controller。

（2）Service：Service 是一种抽象概念，它定义了一个 Pod 逻辑集合及访问它们的方式。支持 ClusterIp、NodePort 和 LoadBalancer。

（3）Endpoint：Endpoint 是 k8s 集群中的一个资源对象，存储在 etcd 中，用来记录一个 Service 对应的所有 Pod 的访问地址。

（4）NetworkPolicy：Network Policy 提供了基于策略的网络控制，用于隔离应用并减少攻击面。它使用标签选择器模拟传统的分段网络，并通过策略控制它们之间的流量及来自外部的流量。

### 6. 集群

（1）Cluster：k8s 集群。

（2）Master：k8s 控制面板，主服务。

（3）Node：k8s 集群里的 worker 节点。

（4）ETCD：k8s 数据库。

（5）基于角色的访问控制权限 RBAC model:Service Account：service account 是 k8s 为 Pod 内部的进程访问 apiserver 创建的一种用户。其实在 Pod 外部也可以通过 sa 的 token 和证书访问 apiserver，不过在 Pod 外部一般都是采用 client 证书的方式。

（6）User：k8s 集群的用户。

（7）Group：用户组。

（8）Role：Role 是一组权限的集合，如 Role 可以包含列出 Pod 权限及列出 Deployment 权限，Role 用于给某个 NameSpace 中的资源进行鉴权。

（9）ClusterRole：ClusterRole 是一组权限的集合，但与 Role 不同的是，ClusterRole 可以在包括所有 NameSpce 和集群级别的资源或非资源类型进行鉴权。

（10）ClusterRoleBinding：可以使用 ClusterRoleBinding 在集群级别和所有命名空间中授予权限。

（11）RoleBinding：RoleBinding 将 Role 中定义的权限分配给用户和用户组。RoleBinding 包含主题（users、groups 或 service accounts）和授予角色的引用。对于 namespace 内的授权使用 RoleBinding，集群范围内使用 ClusterRoleBinding。

### 7. 集群配置

（1）LimitRange：前面已经讲解过资源配额，资源配额是对整个名称空间的资源的总限制，是从整体上来限制的，而 LimitRange 则是对 Pod 和 Container 级别来做限制的。

（2）Quota：其中 ResourceQuota 是针对 namespace 做的资源限制，而 LimitRange 是针对 namespace 中的每个组件做的资源限制。

（3）HorizontalPodAutoscaler：Horizontal Pod Autoscaling 可以根据 CPU 使用率或应用自定义 metrics 自动扩展 Pod 数量（支持 replication controller、deployment 和 replica set）。

### 8. 主节点控制面板组件

（1）k8s API Server：k8s API Server 提供了 k8s 各类资源对象（如 Pod、RC、Service 等）的增删改查及 watch 等 HTTP Rest 接口，是整个系统的数据总线和数据中心。

（2）Controller Manager：Controller Manager 作为集群内部的管理控制中心，负责集群内的 Node、Pod 副本、服务端点（Endpoint）、命名空间（Namespace）、服务账号（Service Account）、资源定额（ResourceQuota）的管理。

（3）Scheduler：管家的角色遵从一套机制为 Pod 提供调度服务，如基于资源的公平调度、调度 Pod 到指定节点，或者将通信频繁的 Pod 调度到同一节点等。

（4）Cloud Controller Manager：Cloud Controller Manager 提供 Kubernetes 与阿里云基础产品的对接能力，如 CLB、VPC 等。目前，CCM 的功能包括管理负载均衡、跨节点通信等。

（5）Kubelet：Kubelet 组件运行在 Node 节点上，维持运行中的 Pods 提供 kubernetes

运行时环境。

（6）Kube-proxy：kube-proxy 是 Kubernetes 的核心组件，部署在每个 Node 节点上，它是实现 Kubernetes Service 的通信与负载均衡机制的重要组件；kube-proxy 负责为 Pod 创建代理服务，从 apiserver 获取所有 Server 信息，并根据 Server 信息创建代理服务，实现 Server 到 Pod 的请求路由和转发，从而实现 k8s 层级的虚拟转发网络。

### 9. 集群和链接

Namespace：Kubernetes 支持多个虚拟集群，它们底层依赖于同一个物理集群。这些虚拟集群被称为命名空间，如图 6-2 所示，集群资源架构如图 6-3 所示。

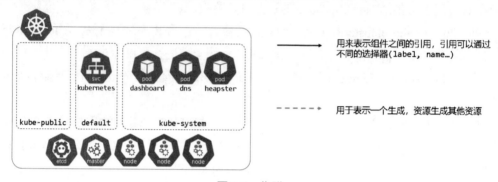

图 6-2　集群

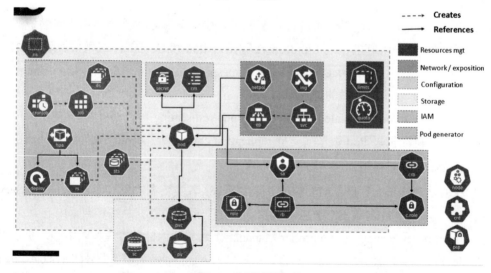

图 6-3　集群资源架构

## 6.3　Kubernetes 配置文件解析

### 1. Kubernetes

Kubernetes 用来管理容器集群的平台。既然是管理集群，那么就存在被管理节点，针对每个 Kubernetes 集群都由一个 Master 负责管理和控制集群节点。

通过 Master 对每个节点 Node 发送命令。简单来说，Master 就是管理者，Node 就是被管理者。

Node 可以是一台机器或者一台虚拟机。在 Node 上面可以运行多个 Pod，Pod 是 Kubernetes 管理的最小单位，同时每个 Pod 可以包含多个容器（Docker），如图 6-4 所示。

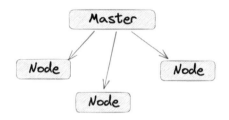

图 6-4　Kubernetes 架构

### 2. APIServer

APIServer 的核心功能是对核心对象（例如：Pod，Service，RC）的增删改查操作，同时也是集群内模块之间数据交换的枢纽。

它包括常用的 API、访问（权限）控制、注册、信息存储（etcd）等功能。在它的下面可以看到 Scheduler，它将待调度的 Pod 绑定到 Node 上，并将绑定信息写入 etcd 中。

etcd 包含在 APIServer 中，用来存储资源信息。

### 3. Controller Manager

Kubernetes 是一个自动化运行的系统，需要有一套管理规则来控制这套系统。

Controller Manager 就是这个管理者，或者说是控制者。它包括 8 个 Controller，分别对应着副本、节点、资源、命名空间、服务等。

Scheduler 会把 Pod 调度到 Node 上，调度完以后就由 kubelet 来管理 Node 了。

kubelet 用于处理 Master 下发到 Node 的任务（即 Scheduler 的调度任务），同时管理 Pod 及 Pod 中的容器。

在完成资源调度后，kubelet 进程也会在 APIServer 上注册 Node 信息，定期向 Master 汇报 Node 信息，并通过 cAdvisor 监控容器和节点资源。

由于微服务的部署都是分布式的，所以对应的 Pod 及容器的部署也是。为了能够方便地找到这些 Pod 或者容器，引入了 Service（kube-proxy）进程，由它来负责反向代理和负载均衡的实施。

以之前的小例子为例，分析说明 k8s 架构，该例子部署 phpweb（前端）和 redis 到两个 Node 上面，中前端生成 3 个 Pod，进行水平扩展，可以外网访问 redis 部署一个集群，提供内网访问，如图 6-5 所示。

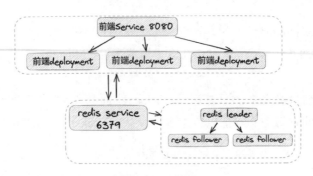

图 6-5　运行流程

既然要完成上面的例子，接下来就要部署两个应用。

首先，根据要部署的应用建立 Replication Controller（RC）。RC 是用来声明应用副本的个数，也就是 Pod 的个数。

按照上面例子，前端的 RC 有 3 个，Redis leader 有 1 个，Redis follower 有 2 个。

由于 kubectl 作为用户接口向 Kubernetes 下发指令，那么指令是通过 ".yaml" 的配置文件编写的。

```
# SOURCE: https://cloud.google.com/kubernetes-engine/docs/tutorials/guestbook
apiVersion: apps/v1          #版本
kind: Deployment             #类别
metadata:
  name: frontend             #名称
spec:
  replicas: 3                #Pod 副本数
  selector:
    matchLabels:
      app: guestbook
      tier: frontend
  template:
    metadata:
      labels:                #标签
```

从上面的配置文件可以看出，需要对这个 RC 定义一个名称，期望的副本数，以及容器中的镜像文件。然后通过 kubectl 作为客户端的 cli 工具，执行这个配置文件。

执行了上面命令后，Kubernetes 会帮助用户部署副本前端的 Pod 到 Node。

```
kubectl apply -f redis-follower-deployment.yaml
```

**4. API Server 的架构从上到下分为 4 层**

（1）API 层：主要以 REST 方式提供各种 API 接口，针对 Kubernetes 资源对象的 CRUD 和 Watch 等主要 API，还有健康检查、UI、日志、性能指标等运维监控相关的 API。

（2）访问控制层：负责身份鉴权，核准用户对资源的访问权限，设置访问逻辑（Admission Control）。

（3）注册表层：选择要访问的资源对象。注意，Kubernetes 把所有资源对象都保存在注册表（Registry）中，如 Pod、Service、Deployment 等。

（4）etcd 数据库：保存创建副本的信息。用来持久化 Kubernetes 资源对象的 Key-Value 数据库。

当 kubectl 用 Create 命令建立 Pod 时，是通过 APIServer 中的 API 层调用对应的 RESTAPI 方法。

之后会进入权限控制层，通过 Authentication 获取调用者身份，通过 Authorization 获取权限信息。

AdmissionControl 中可配置权限认证插件，通过插件来检查请求约束。例如，启动容器之前需要下载镜像，或者检查具备某命名空间的资源。

还记得 redis-leader-deployment.yaml 中配置需要生成的 Pod 的个数为 1。到了 Registry 层，会从 CoreRegistry 资源中取出 1 个 Pod 作为要创建的 Kubernetes 资源对象。

然后将 Node、Pod 和 Container 信息保存到 etcd 中去。这里的 etcd 可以是一个集群，由于里面保存集群中各个 Node/Pod/Container 的信息，所以必要时需要备份，或者保证其可靠性。

前面通过 kubectl 根据配置文件向 APIServer 发送命令，在 Node 上面建立 Pod 和 Container。

在 API Server，经过 API 调用、权限控制、调用资源和存储资源的过程，实际上还没有真正开始部署应用。

这里需要 Controller Manager、Scheduler 和 kubelet 的协助才能完成整个部署过程。

5. Controller Manager

Kubernetes 需要管理集群中的不同资源，所以针对不同的资源要建立不同的 Controller。

每个 Controller 通过监听机制获取 API Server 中的事件（消息），它们通过 API Server 提供的（List-Watch）接口监控集群中的资源，并且调整资源的状态。

可以把它想象成一个尽职的管理者，随时管理和调整资源。比如 MySQL 所在的 Node 意外宕机了，Controller Manager 中的 Node Controller 会及时发现故障，并执行修复流程。

在部署了成百上千微服务的系统中，这个功能极大地协助了运维人员。由此可以看出，Controller Manager 是 Kubernetes 资源的管理者，是运维自动化的核心。

它分为 8 个 Controller，上面介绍了 Replication Controller，这里把其他几个都列出来，就不展开描述了。

6. Scheduler 与 kubelet

Scheduler 的作用是，将待调度的 Pod 按照算法和策略绑定到 Node 上，同时将信息保存在 etcd 中。

如果把 Scheduler 比作调度室，那么下面这 3 件事就是它需要关注的，待调度的 Pod、可用的 Node，以及调度算法和策略。

简单地说，就是通过调度算法/策略把 Pod 放到合适的 Node 中。此时 Node 上的 kubelet 通过 API Server 监听到 Scheduler 产生的 Pod 绑定事件，然后通过 Pod 的描述装载镜像文件，并且启动容器。

也就是说 Scheduler 负责思考 Pod 放在哪个 Node 中，然后将决策告诉 kubelet，kubelet 完成 Pod 在 Node 的加载工作。

也可以这样认为，Scheduler 是 "boss"，kubelet 是干活的 "工人"，它们都通过 API Server 进行信息交换。

部署在 Kubernetes 中，Pod 如何访问其他的 Pod 呢？答案是通过 Kubernetes 的 Service 机制。

在 Kubernetes 中的 Service 定义了一个服务的访问入口地址（IP+Port）。Pod 中的应用通过这个地址访问一个或者一组 Pod 副本。

Service 与后端 Pod 副本集群之间是通过 Label Selector 来实现连接的。Service 所访问的这一组 Pod 都会有同样的 Label，通过这种方法知道这些 Pod 属于同一个组。

前端的 Service 代码如下：

```
# SOURCE: https://cloud.google.com/kubernetes-engine/docs/tutorials/guestbook
apiVersion: v1
kind: Service          #说明创建资源对象的类型是 Service
metadata:
  name: frontend       #Service 全局唯一名称
  labels:
    app: guestbook
    tier: frontend
spec:
  ports:
    # the port that this service should serve on
  - port: 80           #Service 的服务端口号
  selector:            #Service 对应的 Pod 标签,用来给 Pod 分类
    app: guestbook
    tier: frontend
```

前端的 Service 如图 6-6 所示。

图 6-6　前端的 Service

这里的 Cluster-IP 10.102.157.141 是由 Kubernetes 自动分配的。当一个 Pod 需要访问其他的 Pod 时，就需要通过 Service 的 Cluster-IP 和 Port。

也就是说，Cluster-IP 和 Port 是 Kubernetes 集群的内部地址，是提供给集群内的 Pod 之间访问使用的，外部系统无法通过这个 Cluster-IP 来访问 Kubernetes 中的应用。上面提到的 Service 只是一个概念，而真正将 Service 落实的是 kube-proxy。

### 7. kube-proxy

只有理解了 kube-proxy 的原理和机制，才能真正理解 Service 背后的实现逻辑。在 Kubernetes 集群的每个 Node 上都会运行一个 kube-proxy 服务进程，可以把这个进程看作 Service 的负载均衡器，其核心功能是将发送到 Service 的请求转发到后端的多个 Pod 上。

此外，Service 的 Cluster-IP 与 NodePort 是 kube-proxy 服务通过 iptables 的 NAT 转换实现的。kube-proxy 在运行过程中动态创建与 Service 相关的 iptables 规则。

由于 iptables 机制针对的是本地的 kube-proxy 端口，所以在每个 Node 上都要运行 kube-proxy 组件。

因此在 Kubernetes 集群内部，可以在任意 Node 上发起对 Service 的访问请求。Pod 在 Kubernetes 内互相访问，外网访问 Pod。

另外，作为资源监控，Kubernetes 在每个 Node 和容器上都运行了 cAdvisor。它是用来分析资源使用率和性能的工具，支持 Docker 容器。

kubelet 通过 cAdvisor 获取其所在 Node 及容器（Docker）的数据。cAdvisor 自动采集 CPU、内存、文件系统和网络使用的统计信息。

kubelet 作为 Node 的管理者，把 cAdvisor 采集上来的数据通过 RESTAPI 的形式暴露给 Kubernetes 的其他资源，让他们知道 Node/Pod 中的资源使用情况。

下面部署一个 Nginx 服务来说明 Kubernetes 系统各个组件调用关系。

首先需要明确，一旦 Kubernetes 环境启动后，master 和 node 都会将自身的信息存储到 etcd 数据库中。

一个 Nginx 服务的安装请求首先会被发送到 master 节点上的 API Server 组件。

API Server 组件会调用 Scheduler 组件来决定到底应该把这个服务安装到哪个 node 节点上。此时，它会从 etcd 中读取各个 Node 节点的信息，然后按照一定的算法进行选择，并将结果告知 API Server。

API Server 调用 Controller-Manager 去调用 Node 节点安装 Nginx 服务。

Kubelet 接收到指令后，会通知 Docker，然后由 Docker 来启动一个 Nginx 的 Pod。Pod 是 Kubernetes 的最小操作单元，容器必须跑在 Pod 中。

这样，一个 Nginx 服务就开始运行了，如果需要访问 Nginx，就需要通过 kube-proxy 来对 Pod 产生访问的代理，这样外界用户就可以访问集群中的 Nginx 服务了。

# 第 7 章

# Kubernetes 集群部署

**本章学习目标**

- 了解 Kubernetes 安装与配置。
- 了解 Kubernetes 的命令行工具。
- 深入理解 Pod。
- 深入理解 Service。

本章首先向读者介绍 Kubernetes 安装与配置的要求，接着介绍 Kubernetes 的命令行，最后，了解 Pod 和 Service 的基础原理和概念。

## 7.1 Kubernetes 的安装与配置

### 7.1.1 系统环境要求和先决条件

一个 Kubernetes 集群主要由控制节点（master）和工作节点（node）构成，每个节点上都会安装不同的组件。

（1）控制节点（master）：集群的控制平面，负责集群的决策。

（2）API Server：集群操作的唯一入口，接收用户输入的命令，提供认证、授权、API注册和发现等机制。

（3）Scheduler：负责集群资源调度，按照预定的调度策略将 Pod 调度到相应的 Node 节点上。

（4）ControllerManager：负责维护集群的状态，如程序部署安排、故障检测、自动扩展和滚动更新等。

（5）Etcd：负责存储集群中各种资源对象的信息。

（6）工作节点（node）：集群的数据平面，负责为容器提供运行环境。

（7）Kubelet：负责维护容器的生命周期，即通过控制 Docker 来创建、更新和销毁容器。

（8）KubeProxy：负责提供集群内部的服务发现和负载均衡。

（9）Docker：负责节点上容器的各种操作。

安装 Kubernetes 对软件和硬件的系统要求如表 7-1 所示。

表 7-1　安装 Kubernetes 对软件和硬件的系统要求

| 软　硬　件 | 最 低 配 置 | 推 荐 配 置 |
|---|---|---|
| 主机资源 | 集群规模为 1～5 个节点时，要求如下：<br>Master：至少 1core CPU，2GB 内存<br>Node：至少 1core CPU，1GB 内存 | Master：至少 1core CPU，2GB 内存<br>Node：至少 1core CPU，1GB 内存 |
| Linux 操作系统 | 各种 Linux 发行版本，kernel 在 3.10 及以上 | CentOS 7.8 |
| etcd | v3 版本及以上 | v3 |
| Docker | 支持众多 Docker 版本 | Docker CE 19.03 |

Kubernetes 需要容器运行时（Container Runtime Interface，CRI）的支持，目前官方支持的容器运行时包括 Docker、Containerd、CRI-O 和 frakti。本书以 Docker 作为容器运行环境，推荐版本为 Docker CE 19.03。

宿主机操作系统以 CentOS Linux 7 为例，使用 Systemd 系统完成对 Kubernetes 服务的配置。其他 Linux 发行版的服务配置请参考相关的系统管理手册。为了便于管理，常见的做法是将 Kubernetes 服务程序配置为 Linux 系统开机自启动的服务。

在测试环境中直接关闭防火墙进行部署，代码如下。

```
systemctl stop firewalld.service
systemctl disable firewalld.service
```

代码运行结果如图 7-1 所示。

```
[root@localhost ~]# systemctl stop firewalld.service
[root@localhost ~]# systemctl disable firewalld.service
Removed symlink /etc/systemd/system/multi-user.target.wants/firewalld.service.
Removed symlink /etc/systemd/system/dbus-org.fedoraproject.FirewallD1.service.
```

图 7-1　关闭防火墙

主机禁用 SELinux，让容器可以读取主机文件系统，修改/etc/selinux/config，代码如下。

```
sudo setenforce 0                                  #临时关闭
sudo sed -i 's/SELINUX=enforcing/SELINUX=disabled/g' /etc/selinux/config
                                                   #永久改为关闭模式
```

或者

```
sudo sed -i 's/^SELINUX=enforcing$/SELINUX=permissive/' /etc/selinux/config
                                                   #永久改为宽容模式
```

关闭 Linux 的 swap 系统交换区，代码如下。

```
swapoff -a                                         #临时
sed -e '/swap/s/^/#/g' -i /etc/fstab               #永久关闭
```

安装集群之前先安装容器运行时接口。

本质上，kubelet 的主要功能就是启动和停止容器组件，即所说的 CRI。

复习一下，当用户想要创建一个应用（deployment、statefulset）时，主要流程如下。

（1）通过 kubectl 命令向 apiserver 提交，apiserver 将资源保存在 etcd 中。

（2）controllermanager 通过控制循环，获取新创建的资源，并创建 Pod 信息。注意这里只创建 Pod，并未调度和创建容器。

（3）kube-scheduler 也会循环获取新创建但未调度的 Pod，并在执行一系列调度算法后，将 Pod 绑定到一个 Node 上，并更新 etcd 中的信息。具体方式是在 Pod 的 spec 中加入 nodeName 字段。

（4）kubelet 监视所有 Pod 对象的更改。当发现 Pod 已绑定 Node，并且绑定的 Node 本身时，kubelet 会接管所有后续任务，包括创建 Pod 网络、Container 等。kubelet 会通过 CRI 调用 Container Runtime 创建 Pod 中的 Container。

（5）CRI 在 Kubernetes 1.5 中引入，并充当 kubelet 和容器运行时之间的桥梁。期望与 Kubernetes 集成的高级容器运行时将实现 CRI。预期 runtimes 将负责镜像的管理，并支持 Kubernetes pods，以及管理各个容器。CRI 仅具有一个功能：对于 Kubernetes，它描述了容器应具有的操作及每个操作应具有的参数。

CRI 是以容器为中心的 API，设计 CRI 的初衷是不希望向容器（如 Docker）暴露 Pod 信息或 Pod 的 API，Pod 始终是 Kubernetes 编排概念，与容器无关，因此这就是为什么必须使该 API 以容器为中心。

CRI 工作在 kubelet 与 Container Runtime 之间，目前常见的 runtime 有以下几个。

（1）Docker：目前 Docker 已经将一部分功能移至 Containerd 中，CRI 可以直接与 Containerd 交互。因此，Docker 本身并不需要支持 CRI（Containerd 已经支持）。

（2）Containerd：Containerd 可以通过 shim 对接不同 low-level runtime。

（3）cri-o：一种轻量级的 runtime，支持 runc 和 Clear Containers 作为 low-level runtimes。

### 1. CRI 是如何工作的

CRI 大体包含 3 个接口：Sandbox、Container 和 Image，其中提供了一些操作容器的通用接口，包括 Create Delete List 等。

Sandbox 为 Container 提供一定的运行环境，其中包括 Pod 的网络等。Container 包括容器生命周期的具体操作，Image 则提供对镜像的操作。

kubelet 会通过 grpc 调用 CRI 接口，首先创建一个环境，也就是所谓的 PodSandbox。当 PodSandbox 可用后，继续调用 Image 或 Container 接口去拉取镜像和创建容器。其中，shim 会将这些请求翻译为具体的 runtime API，并执行不同 low-level runtime 的具体操作。

### 2. PodSandbox

上文所说的 Sandbox 到底是什么东西呢？从虚拟机和容器化两方面来看，这两者都使用 Cgroups 做资源配额，而且概念上都抽离出一个隔离的运行时环境，只是区别在于资源隔离的实现。因此 Sandbox 是 k8s 为兼容不同运行时环境预留的空间，也就是说 k8s 允许 low-level runtime 依据不同的实现去创建不同的 PodSandbox，对于 kata 来说 PodSandbox 就是虚拟机，对于 docker 来说就是 Linux namespace。当 Pod Sandbox 建立起来后，kubelet 就可以在其中创建用户容器。当删除 Pod 时，kubelet 会先移除 Pod Sandbox，然后再停止里面的所有容器，对 Container 来说，当 Sandbox 运行后，只需要将新的 Container 的 namespace 加入到已有的 Sandbox 的 namespace 中。

默认情况下，在 CRI 体系里，Pod Sandbox 其实就是 pause 容器。kubelet 代码引用的 defaultSandboxImage 其实就是官方提供的 gcr.io/google_containers/pause-amd64 镜像。

接着需要配置网桥工具，将桥接的 IPv4 流量传递到 iptables 的链，iptables 是 Linux 内核集成的 IP 信息包过滤系统，这对后续集群搭建很重要，代码内容如下。

```
cat > /etc/sysctl.d/k8s.conf << EOF
net.bridge.bridge-nf-call-ip6tables = 1
net.bridge.bridge-nf-call-iptables = 1
EOF
#生效
sysctl --system
```

代码运行结果如图 7-2 所示。

图 7-2　配置网桥工具

因为配置 kubernetes 集群需要所有节点的时间一致，所以需要将所有主机的系统时间统一更新，代码如下。

```
yum install ntpdate -y
ntpdate time.windows.com
```

代码运行结果如图 7-3 所示。

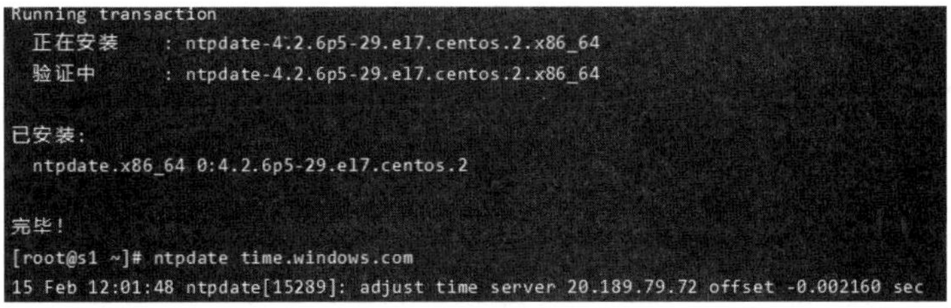

图 7-3　更新系统时间

配置 Docker 的 yum 源（如果已经安装完 Docker，则跳过），代码如下。

```
yum install wget -y
#配置源
```

```
wget https://mirrors.aliyun.com/docker-ce/linux/centos/docker-ce.repo -O /etc/yum.repos.d/docker-ce.repo
#安装指定版本的docker
yum install docker-ce-19.03.13 -y
```

设定 docker 开机自启，代码如下。

```
#开机启动并运行docker
systemctl start docker && systemctl enable docker
```

测试 Docker 是否安装完毕，并打开镜像仓库，代码如下。

```
docker pull hello-world
docker images
```

代码运行结果如图 7-4 所示。

图 7-4　检验 Docker 镜像仓库

接着需要修改 Docker 驱动的 Cgroup Dirver，将 Cgroupfs 修改为 systemd，因为驱动 Cgroupfs 与 Kubernetes 的内核不兼容，所以需要修改为 systemd，查看代码如下。

```
docker info | grep Cgroup
```

代码运行结果如图 7-5 所示。

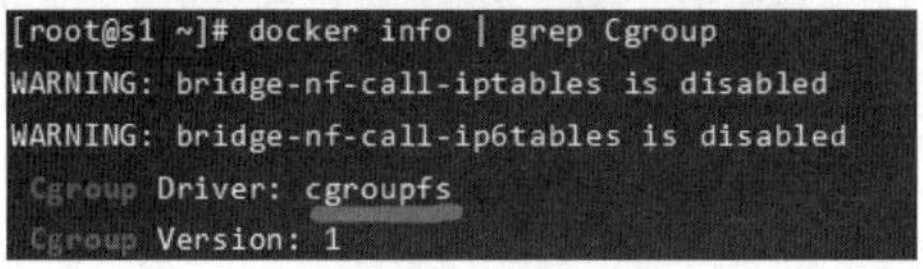

图 7-5　Cgroup Dirver

通过两种方法来修改。

第一种：编辑 Docker 配置文件/etc/docker/daemon.json，代码如下。

```
vim /etc/docker/daemon.json

#修改内容
"exec-opts": ["native.cgroupdriver=systemd"]
#修改后重启
systemctl daemon-reload
systemctl restart docker
```

第二种：编辑/usr/lib/systemd/system/docker.service，代码如下。

```
vim /usr/lib/systemd/system/docker.service

#修改内容
ExecStart=/usr/bin/dockerd   -H   fd://    --containerd=/run/containerd
```

```
/containerd.sock --exec-opt native.cgroupdriver=systemd
```

文件内容如图 7-6 所示。

```
Type=notify
# the default is not to use systemd for cgroups because the delegate issues still
# exists and systemd currently does not support the cgroup feature set required
# for containers run by docker
ExecStart=/usr/bin/dockerd -H fd:// --containerd=/run/containerd/containerd.sock --exec-opt native.cgroupdriver=systemd
ExecReload=/bin/kill -s HUP $MAINPID
```

图 7-6　编辑 docker.service

选择两种方法中的一种进行修改后，重启 Docker，代码如下。

```
#修改后重启
systemctl daemon-reload
systemctl restart docker
#设置完成后通过 docker info 命令可以看到 Cgroup Driver 为 systemd
docker info | grep Cgroup
```

代码运行结果如图 7-7 所示。

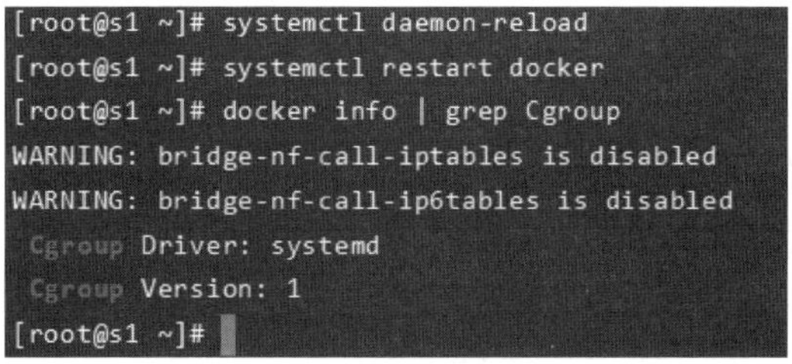

```
[root@s1 ~]# systemctl daemon-reload
[root@s1 ~]# systemctl restart docker
[root@s1 ~]# docker info | grep Cgroup
WARNING: bridge-nf-call-iptables is disabled
WARNING: bridge-nf-call-ip6tables is disabled
 Cgroup Driver: systemd
 Cgroup Version: 1
[root@s1 ~]#
```

图 7-7　Docker 驱动模式

## 7.1.2　使用 Kubeadm 工具快速安装 Kubernetes 集群

为 Kubernetes 集群准备虚拟机主机，本书中 kubeadm 的安装使用 3 个 VM 虚拟机（华为云），配置如表 7-2 所示。

表 7-2　配置主机需求

| 主　机　名 | IP | 配　　置 | 节　　点 |
|---|---|---|---|
| S1 | 192.168.5.101 | 2 核 4GB 内存 | 主节点 master |
| S2 | 192.168.5.102 | 2 核 4GB 内存 | 工作节点 node1 |
| S3 | 192.168.5.103 | 2 核 4GB 内存 | 工作节点 node2 |

节点内网网络（ifconfig 查看 nodeip）：192.168.0.0/16，Pod 网络（必须和节点内网不同 Podip）：10.244.0.0/16，Service 网络（cluseterip）：10.96.0.0/12（主机范围 10.96.0.1-10.111.255.254）。

认识 k8s 的 3 个工具：kubeadm、kubectl 和 kubelet。

### 1. kubeadm

kubeadm 是官方社区推出的一个用于快速部署 Kubernetes 集群的工具。这个工具能通过两条指令完成一个 Kubernetes 集群的部署，代码如下。

```
#创建一个 Master 节点
kubeadm init
#将一个 Node 节点加入到当前集群中
kubeadm join <Master 节点的 IP 和端口 >
```

### 2. kubectl

kubectl 是 Kubernetes 集群的命令行工具，通过 kubectl 能够对集群本身进行管理，并能够在集群上进行容器化应用的安装和部署。

### 3. kubelet

kubelet 是 Master 派到 Node 节点的代表，管理本机容器一个集群中每个节点上运行的代理，它保证容器都运行在 Pod 中，负责维护容器的生命周期，同时也负责 Volume（CSI）和网络（CNI）的管理。

步骤 1：为每台主机分别设置主机名，代码如下。

```
hostnamectl set-hostname s1
hostnamectl set-hostname s2
hostnamectl set-hostname s3
```

步骤 2：添加每个主机的 vim /etc/hosts，红色表示对应主机要改为对应的，代码如下。

```
192.168.5.101 s1
192.168.5.102 s2
192.168.5.103 s3
```

内容修改结果如图 7-8 所示。

```
[root@s2 ~]# cat /etc/hosts
127.0.0.1     localhost localhost.localdomain localhost4 localhost4.localdomain4
::1           localhost localhost.localdomain localhost6 localhost6.localdomain6
192.168.5.101 s1
192.168.5.102 s2
```

图 7-8  hosts 文件

步骤 3：开始布置 Kuberneter 的集群的阿里云 yum 源，代码如下。

```
cat > /etc/yum.repos.d/kubernetes.repo << EOF
[kubernetes]
name=Kubernetes
baseurl=https://mirrors.aliyun.com/kubernetes/yum/repos/kubernetes-el7-x86_64
enabled=1
gpgcheck=0
repo_gpgcheck=0
gpgkey=https://mirrors.aliyun.com/kubernetes/yum/doc/yum-key.gpg https://mirrors.
```

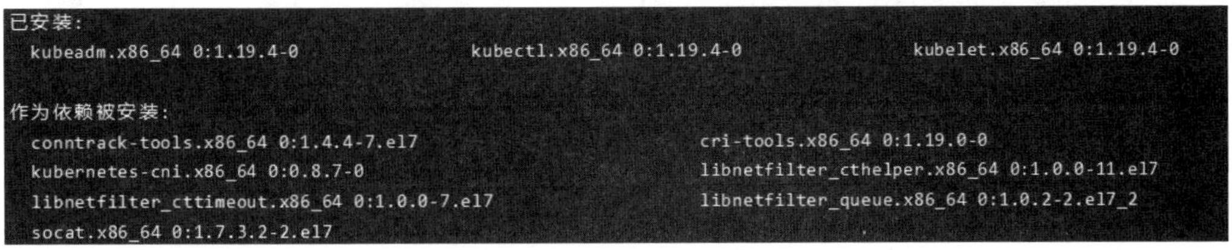

aliyun.com/kubernetes/yum/doc/rpm-package-key.gpg
　EOF
```

步骤 4：3 台虚拟机都需要安装指定的 kubeadm、kubelet 和 kubectl 版本，代码如下。

```
yum install kubelet-1.19.4 kubeadm-1.19.4 kubectl-1.19.4 -y
```

代码运行结果如图 7-9 所示。

图 7-9　kubeadm、kubelet 和 kubectl 运行结果

步骤 5：设置为开机自启动，代码如下。

```
systemctl enable kubelet.service
```

代码运行结果如图 7-10 所示。

图 7-10　开机自启动 kubelet

检验 kubeadm、kubelet 和 kubectl 是否安装成功，代码如下。

```
yum list installed | grep kubelet
yum list installed | grep kubeadm
yum list installed | grep kubectl
```

代码运行结果如图 7-11 所示。

图 7-11　k8s 安装情况

步骤 6：在虚拟机 s1 的主节点 master，开始 k8s 的初始化安装，代码如下。

```
kubeadm init --apiserver-advertise-address=192.168.5.101 --image-repository registry.aliyuncs.com/google_containers --kubernetes-version v1.19.4 --service-cidr=10.96.0.0/12 --pod-network-cidr=10.244.0.0/16
```

参数解释如下。

```
--image-repository registry.aliyuncs.com/google_containers   #使用阿里云源
--kubernetes-version= v1.19.4                                #安装版本为v1.19.4
--pod-network-cidr=10.244.0.0/16                             #设置 Pod 网段
```
```

```
--service-cidr=10.96.0.0/12                                  #设置Service网段
```

代码运行结果如图 7-12 所示。

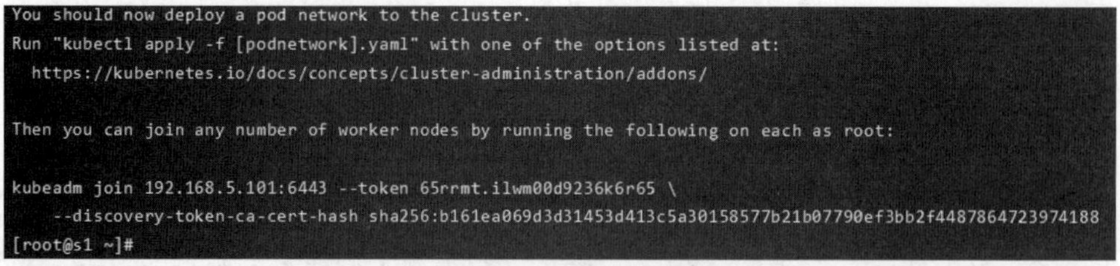

图 7-12　初始化安装

其中 kubeadm join 是加入主节点的命令，可以在其他节点上输入该命令，使其进入主节点中，而 token 的有效期为 24 小时，详细内容如下。

```
kubeadm join 192.168.5.101:6443 --token 65rrmt.ilwm00d9236k6r65 \
    --discovery-token-ca-cert-hash sha256:b161ea069d3d31453d413c5a30158577b21b07790ef3bb2f4487864723974188
#token失效生成新的token
kubeadm token create --print-join-command --ttl 0
```

步骤 7：在虚拟机 S1 的主节点 Master 上调试主节点的配置，代码如下。

```
mkdir -p $HOME/.kube
sudo cp -i /etc/kubernetes/admin.conf $HOME/.kube/config
sudo chown $(id -u):$(id -g) $HOME/.kube/config
```

步骤 8：在虚拟机 S1 的主节点 Master 查看安装情况 kubectl 获取节点信息，代码如下。

```
kubectl get nodes
```

代码运行结果如图 7-13 所示。

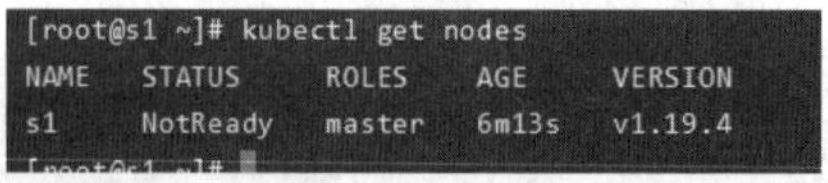

图 7-13　节点信息

获取虚拟机 S1 上主节点 Master 的集群信息，代码如下。

```
kubectl cluster-info
```

代码运行结果如图 7-14 所示。

图 7-14　集群主节点信息

步骤 9：在其他节点虚拟机上输入集群加入指令，进入集群节点，代码如下。

```
kubeadm join 192.168.5.101:6443 --token 65rrmt.ilwm00d9236k6r65 \
```

```
        --discovery-token-ca-cert-hash sha256:b161ea069d3d31453d413c5a30158577b21b
07790ef3bb2f4487864723974188
```

步骤 10：获取集群信息开启 IP 转发功能，为安装 flannel 网络组件做准备，代码如下。

```
cat > /etc/sysctl.d/kubernetes.conf << EOF
net.ipv4.ip_forward = 1
net.bridge.bridge-nf-call-ip6tables = 1
net.bridge.bridge-nf-call-iptables = 1
EOF
#重新加载 kernel 参数
modprobe br_netfilter
sysctl --system
```

步骤 11：k8s 用 flannel 作为网络规划服务，其功能是让集群中的不同节点主机创建的 Docker 容器都具有全集群唯一的虚拟 IP 地址，查看所有的 Pod 状况，代码如下。

```
kubectl get pods --all-namespaces
```

代码运行结果如图 7-15 所示。

图 7-15 所有的 Pod 状况

步骤 12：发现 coredns 状态为 pending，Master 需要安装 flannel 网络组件，代码如下。

```
kubectl apply -f ~/k8s/kube-flannel.yml
```

需要等待几分钟后，显示全部为 1/1 成功。

代码运行结果如图 7-16 所示。

图 7-16 安装 flannel 网络组件

步骤 13：加入子节点，先设置允许 IP 转发，代码如下。

```
cat > /etc/sysctl.d/kubernetes.conf << EOF
net.ipv4.ip_forward = 1
net.bridge.bridge-nf-call-ip6tables = 1
net.bridge.bridge-nf-call-iptables = 1
EOF
#重新加载 kernel 参数
modprobe br_netfilter
sysctl --system
```

步骤 14：在 S2 和 S3 中按照上面的步骤安装 3 个工具，再加入节点，代码如下。

```
kubeadm join 192.168.5.101:6443 --token 65rrmt.ilwm00d9236k6r65 \
    --discovery-token-ca-cert-hash
sha256:b161ea069d3d31453d413c5a30158577b21b07790ef3bb2f4487864723974188
```

重新获取 token，代码如下。

```
kubeadm token create --print-join-command --ttl 0
```

代码运行结果如图 7-17 所示。

图 7-17　重新获取 token

安装 Pod 网络插件（CNI）和 Kubernetes 网络插件，flannel：将真实 IP 写入 Master 的 hosts 文件，由于无法访问外网，所以需要通过在 https://www.ipaddress.com/ 查询 raw.githubusercontent.com 的真实 IP，并写入 hosts 文件，内容如下。

```
vim /etc/hosts
185.199.108.133 raw.githubusercontent.com
185.199.109.133 raw.githubusercontent.com
185.199.110.133 raw.githubusercontent.com
185.199.111.133 raw.githubusercontent.com
```

安装指令代码如下。

```
kubectl apply -f https://raw.githubusercontent.com/coreos/flannel/master/Documentation/kube-flannel.yml
```

步骤 15：检查节点状态成功与否，代码如下。

```
kubectl get node
```

代码运行结果如图 7-18 所示。

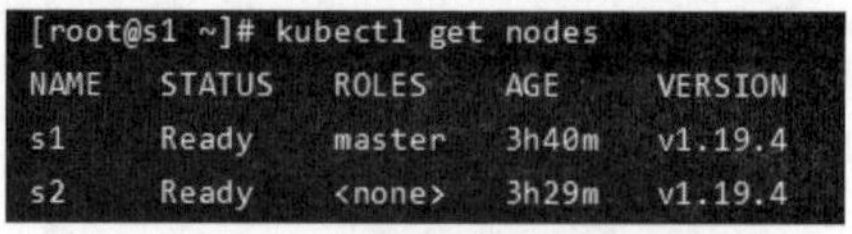

图 7-18　节点状态

检查所有 Pod，代码如下。

```
kubectl get pods --all-namespaces
```

代码运行结果如图 7-19 所示。

```
[root@s1 ~]# kubectl get pods --all-namespaces
NAMESPACE     NAME                                      READY   STATUS    RESTARTS   AGE
default       nginx-565785f75c-7s72n                    1/1     Running   0          179m
kube-system   calico-kube-controllers-547686d897-5kvd5  1/1     Running   1          3h2m
kube-system   calico-node-mk84b                         0/1     Running   2          3h2m
kube-system   calico-node-wpkgx                         1/1     Running   0          3h2m
kube-system   coredns-6d56c8448f-ch8pc                  1/1     Running   1          3h23m
kube-system   coredns-6d56c8448f-tsfjs                  1/1     Running   1          3h23m
kube-system   etcd-s1                                   1/1     Running   1          3h23m
kube-system   kube-apiserver-s1                         1/1     Running   1          3h23m
kube-system   kube-controller-manager-s1                1/1     Running   1          3h23m
kube-system   kube-proxy-7dbwf                          1/1     Running   0          3h13m
kube-system   kube-proxy-rddj4                          1/1     Running   1          3h23m
kube-system   kube-scheduler-s1                         1/1     Running   1          3h23m
```

图 7-19　部分 Pod 没启动

可以发现还有个别的服务没有启动，这时可以输入以下命令启动，代码如下。

```
kubectl get pods --all-namespaces
```

代码运行结果如图 7-20 所示。

```
[root@s1 ~]# kubectl get pods --all-namespaces
NAMESPACE     NAME                                      READY   STATUS    RESTARTS   AGE
default       nginx-565785f75c-f7472                    1/1     Running   0          17m
kube-system   calico-kube-controllers-547686d897-5kvd5  1/1     Running   1          3h22m
kube-system   calico-node-mk84b                         1/1     Running   2          3h23m
kube-system   calico-node-wpkgx                         1/1     Running   1          3h22m
kube-system   coredns-6d56c8448f-ch8pc                  1/1     Running   1          3h43m
kube-system   coredns-6d56c8448f-tsfjs                  1/1     Running   1          3h43m
kube-system   etcd-s1                                   1/1     Running   1          3h43m
kube-system   kube-apiserver-s1                         1/1     Running   1          3h43m
kube-system   kube-controller-manager-s1                1/1     Running   1          3h43m
kube-system   kube-proxy-7dbwf                          1/1     Running   1          3h33m
kube-system   kube-proxy-rddj4                          1/1     Running   1          3h43m
kube-system   kube-scheduler-s1                         1/1     Running   1          3h43m
```

图 7-20　所有 Pod 都启动

步骤 16：安装 dashboard，代码如下。

```
kubectl apply -f https://raw.githubusercontent.com/kubernetes/dashboard/v2.1.0/aio/deploy/recommended.yaml
```

生成角色和权限，代码如下。

```
cd ~/k8s/ dashboard_token
kubectl apply -f .
```

chrome 访问 https://外网:30043，如果出现不能访问提示不安全，请输入 thisisunsafe，如图 7-21 所示。

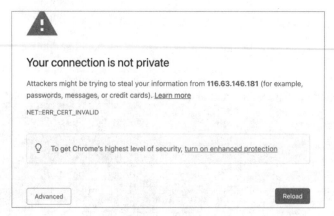

图 7-21 访问提示

登录 dashboard 获取 token，代码如下。

```
kubectl -n kubernetes-dashboard get secret $(kubectl -n kubernetes-dashboard get sa/admin-user -o jsonpath="{.secrets[0].name}") -o go-template="{{.data.token | base64decode}}"
```

代码运行结果如图 7-22 所示。

图 7-22 获取 token

可以看到所有的资源和运行情况，如图 7-23 所示。

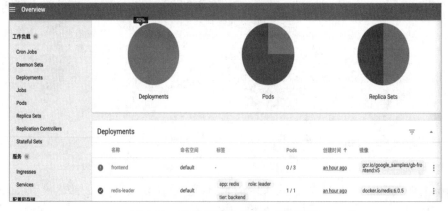

图 7-23 获取所有的资源和运行情况

## 7.1.3 以二进制文件方式安装 Kubernetes 集群

不同于 kubeadm 容器化安装 k8s，本节使用二进制文件进行安装。二进制安装 k8s 主要是 Master 节点需要安装 kube-apiserver、kube-controller-manager、kube-scheduler 和 etcd，Node 节点需要安装 kubelet 和 kube-proxy，如图 7-24 所示。

在 k8s 中，Master 节点扮演着总控中心的角色，通过不间断地与各个工作节点 Node 通信来维护整个集群的健康工作状态，集群中各资源对象的状态则被保存在 etcd 数据库中。如果 Master 不能正常工作，各 Node 就会处于不可管理状态，如果任何能够访问 Master 的客户端都可以通过 API 操作集群中的数据，可能导致对数据

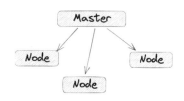

图 7-24　结点构造

的非法访问或篡改，需要确保 Master 高可用，并启用安全访问机制，需要包含以下几个方面：Master 的 kube-apiserver、kube-controller-manager、kube-scheduler、etcd 服务至少以 3 个节点的多实例方式部署，Master 启用基于 CA 证书的 HTTPS 安全机制。

**1. 主节点控制面板组件**

1）k8s API Server

k8s API Server 提供了 k8s 各类资源对象（Pod、RC、Service 等）的增删改查及 Watch 等 HTTP Rest 接口，是整个系统的数据总线和数据中心。

2）Controller Manager

Controller Manager 作为集群内部的管理控制中心，负责集群内的 Node、Pod 副本、服务端点（Endpoint）、命名空间（Namespace）、服务账号（Service Account）及资源定额（ResourceQuota）的管理。

3）Scheduler

管家的角色遵从一套机制为 Pod 提供调度服务，如基于资源的公平调度、调度 Pod 到指定节点，或者将通信频繁的 Pod 调度到同一节点等。

4）Cloud Controller Manager

Cloud Controller Manager 提供 Kubernetes 与阿里云基础产品的对接能力，如 CLB、VPC 等。目前 CCM 的功能包括管理负载均衡、跨节点通信等。

5）kubelet

kubelet 组件运行在 Node 节点上，维持运行中的 Pods 并提供 Kubernetes 运行时环境。

6）kube-proxy

kube-proxy 是 Kubernetes 的核心组件，部署在每个 Node 节点上，它是实现 Kubernetes Service 的通信与负载均衡机制的重要组件；kube-proxy 负责为 Pod 创建代理服务，从 apiserver 获取所有 Server 信息，并根据 Server 信息创建代理服务，实现 Server 到 Pod 的请求路由和转发，从而实现 k8s 层级的虚拟转发网络。

该实验案例需要 6 个主机，用 VM 虚拟 6 个主机，如图 7-25 所示。

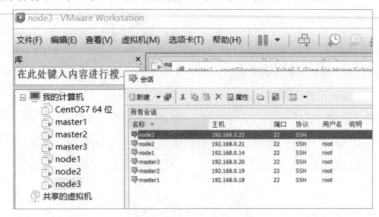

图 7-25　Linux 界面虚拟机

该实验案例需要 6 个主机，用 VM 虚拟 6 个主机，如表 7-3 所示。

表 7-3　配置主机

| 主 机 名 | IP | 配　置 | 角　色 | 安 装 软 件 |
| --- | --- | --- | --- | --- |
| master1 | 192.168.0.18 | 2 核 4GB 内存 | master | kube-apiserver<br>kube-controller-manager<br>kube-scheduler<br>etcd |
| master2 | 192.168.0.19 | 2 核 4GB 内存 | master | kube-apiserver<br>kube-controller-manager<br>kube-scheduler<br>etcd |
| master3 | 192.168.0.20 | 2 核 4GB 内存 | master | kube-apiserver<br>kube-controller-manager<br>kube-scheduler<br>etcd |
| node1 | 192.168.0.14 | 2 核 4GB 内存 | worker | kubelet、kube-proxy |
| node2 | 192.168.0.21 | 2 核 4GB 内存 | worker | kubelet、kube-proxy |
| node3 | 192.168.0.22 | 2 核 4GB 内存 | worker | kubelet、kube-proxy |

### 2. 安装前的准备

步骤 1：修改机器的/etc/hosts 文件，代码如下。

```
cat >> /etc/hosts << EOF
192.168.0.27 master1
192.168.0.28 master2
192.168.0.29 master3
192.168.0.14 node1
```

```
192.168.0.21 node2
192.168.0.22 node3
EOF
```

步骤 2：关闭防火墙和 selinux，代码如下。

```
systemctl stop firewalld
systemctl status firewalld
setenforce 0
sed -i 's/SELINUX=enforcing/SELINUX=disabled/g' /etc/selinux/config
swapoff -a
```

步骤 3：时间同步，代码如下。

```
yum install -y chrony
systemctl start chronyd
systemctl enable chronyd
chronyc sources
```

步骤 4：安装 ntp 并同步，代码如下。

```
yum -y install ntp ntpdate
ntpdate cn.pool.ntp.org
```

步骤 5：同步时间并关闭防火墙，代码如下。

```
timedatectl set-timezone Asia/Shanghai
systemctl stop firewalld.service
systemctl disable firewalld.service
systemctl status firewalld.service
```

步骤 6：修改 IP 转发规则，代码如下。

```
cat > /etc/sysctl.d/k8s.conf << EOF
net.ipv4.ip_forward = 1
net.bridge.bridge-nf-call-ip6tables = 1
net.bridge.bridge-nf-call-iptables = 1
EOF
sysctl --system
```

步骤 7：加载 ipvs 模块，代码如下。

```
modprobe -- ip_vs
modprobe -- ip_vs_rr
modprobe -- ip_vs_wrr
modprobe -- ip_vs_sh
modprobe -- nf_conntrack_ipv4
lsmod | grep ip_vs
lsmod | grep nf_conntrack_ipv4
yum install -y ipvsadm
```

步骤 8：更改主机名，代码如下。

```
hostnamectl set-hostname master1
hostnamectl set-hostname master2
hostnamectl set-hostname master3
hostnamectl set-hostname node1
hostnamectl set-hostname node2
hostnamectl set-hostname node3
```

步骤 9：每台机器都需要配置证书文件、组件的配置文件、组件的服务启动文件，现专门选择 master1 来统一生成这些文件，然后再分发到其他机器。

以下操作在 master1 上进行登录后复制。

注：该目录为配置文件和证书文件生成目录，后面的所有文件生成相关操作均在此目录下进行，代码如下。

```
ssh-keygen -t rsa -b 2048
cd /root/.ssh
```

步骤 10：会生成一个公钥 pub，一个私钥可以看到里面有 id_rsa  id_rsa.pub，将密钥分发到另外 5 台机器，让 master1 可以免密码登录其他机器，代码如下。

```
cat ./id_rsa.pub >> ./authorized_keys //加入授权,自己给自己认证
chmod 600 ./authorized_keys //为了其他用户都可以看到这个文件,需要添加可读权限
//最后验证 ssh master 是否不需密码就能登录其他机器,记得使用 exit 跳出
```

代码如下。

```
ssh-copy-id -i ./id_rsa.pub master2    #给节点认证,记得exit
ssh-copy-id -i ./id_rsa.pub master3
ssh-copy-id -i ./id_rsa.pub node1
ssh-copy-id -i ./id_rsa.pub node2
ssh-copy-id -i ./id_rsa.pub node3
```

步骤 11：搭载 etcd 集群，代码如下。

```
mkdir -p /etc/etcd                  #配置文件存放目录
mkdir -p /etc/etcd/ssl              #证书文件存放目录
mkdir -p /etc/etcd/data             #工作目录
mkdir -p /etc/kubernetes/pki        #放 CA 证书,3 个主机都要
```

步骤 12：创建 etcd 的 CA 证书。

为 etcd 和 k8s 服务启用基于 CA（Certificate Authority）认证的安全机制，需要 CA 证书配置。

CA 证书的制作可以使用 openssl、easyrsa、cfssl 等工具完成，本书使用 openssl。

CA 证书是集群所有节点共享的，只需要创建一个 CA 证书，后续创建的所有证书都由它签名，代码如下。

```
cd /etc/kubernetes/pki
```

步骤 13：为确保安全，Kubernetes 系统各组件需要使用 x509 证书对通信进行加密和认证。CA 是自签名的根证书，用来签名后续创建的其他证书，代码如下。

```
#生成 CA 根证书
openssl genrsa -out ca.key 2048
openssl req -x509 -new -nodes -key ca.key -subj "/CN=master1" -days 36500 -out ca.crt
```

CN：Common Name，kube-apiserver 从证书中提取该字段作为请求的用户名（User Name）；浏览器使用该字段验证网站是否合法，生成 ssl 证书请求文件，配置参数文件自签名，就可以不需要一步一步地写，代码如下。

```
cd /etc/etcd/ssl
vim /etc/etcd/ssl/etcd_ssl.cnf
[ req ]
distinguished_name = req_distinguished_name
req_extensions     = v3_req
[ req_distinguished_name ]
countryName                     = FZ
countryName_default             = GB
stateOrProvinceName             = FJ
stateOrProvinceName_default     = China
localityName                    = CN
localityName_default            = Fujian
organizationName                = Fujian
organizationName_default        = Home
organizationalUnitName          = Home
organizationalUnitName_default  = IT
commonName                      = k8s
commonName_max                  = 64
commonName_default              = localhost
[ v3_req ]
basicConstraints = CA:FALSE
keyUsage = nonRepudiation, digitalSignature, keyEncipherment
subjectAltName = @alt_names
[alt_names]
IP.1 = 192.168.0.27
IP.2 = 192.168.0.28
IP.3 = 192.168.0.29
```

步骤 14：生成 etcd-ca 证书，供服务器端使用，代码如下。

```
openssl genrsa -out etcd_server.key 2048

openssl req -new -key etcd_server.key -config etcd_ssl.cnf -subj "/CN=master1" -out etcd_server.csr

openssl x509 -req -in etcd_server.csr -CA /etc/kubernetes/pki/ca.crt -CAkey /etc/kubernetes/pki/ca.key -CAcreateserial -days 36500 -extensions v3_req -extfile etcd_ssl.cnf -out etcd_server.crt
```

步骤 15：生成 etcd-ca 证书，供客户端使用，代码如下。

```
openssl genrsa -out etcd_client.key 2048
openssl req -new -key etcd_client.key -config etcd_ssl.cnf -subj "/CN=master1" -out etcd_client.csr
openssl x509 -req -in etcd_client.csr -CA /etc/kubernetes/pki/ca.crt -CAkey /etc/kubernetes/pki/ca.key -CAcreateserial -days 36500 -extensions v3_req -extfile etcd_ssl.cnf -out etcd_client.crt
```

步骤 16：下载 etcd，代码如下。

```
cd /etc/etcd/
wget https://github.com/etcd-io/etcd/releases/download/v3.5.0/etcd-v3.5.0-linux-amd64.tar.gz
tar -xf etcd-v3.5.0-linux-amd64.tar.gz
cp -p etcd-v3.5.0-linux-amd64/etcd* /usr/local/bin/
```

步骤 17：同步到 master2 和 master3。

rsync 命令是一个远程数据同步工具，可通过 LAN/WAN 快速同步多台主机间的文件。rsync 使用所谓的 "rsync 算法" 来使本地和远程两个主机之间的文件达到同步，这个算法只传送两个文件的不同部分，而不是每次都整份传送，因此速度相当快。

yum install -y rsync #每台都要安装，代码如下。

```
rsync -vaz etcd-v3.5.0-linux-amd64/etcd* master2:/usr/local/bin/
rsync -vaz etcd-v3.5.0-linux-amd64/etcd* master3:/usr/local/bin/
```

步骤 18：创建 etcd 的 systemd 启动文件，统一 systemd 管理。其中 EnvironmentFile 是环境变量，提供 ExecStart 配置里面调用${}，代码如下。

```
vim /usr/lib/systemd/system/etcd.service
[Unit]
Description=Etcd Server
After=network.target
After=network-online.target
Wants=network-online.target
[Service]
Type=notify
EnvironmentFile=/etc/etcd/etcd.conf
ExecStart=/usr/local/bin/etcd
Restart=on-failure
RestartSec=5
LimitNOFILE=65536
[Install]
WantedBy=multi-user.target
```

步骤 19：把文件复制到节点，代码如下。

```
for i in master2 master3;do rsync -vaz /etc/etcd/ $i:/etc/etcd/;done
```

```
for i in master2 master3;do rsync -vaz /etc/kubernetes/pki/ $i:/etc/kubernetes/pki/;done
for i in master2 master3;do rsync -vaz /usr/lib/systemd/system/etcd.service $i:/usr/lib/systemd/system/;done
```

步骤20：这里注意不要把/etc/etcd/data 里面的数据复制过去，代码如下。

```
chmod -R 777 /usr/local/bin/etcd
chmod -R 777 /usr/local/bin/
chmod -R 777 /usr/lib/systemd/system/etcd.service
```

步骤21：创建环境变量文件配置参考官方文档。

https://insights-core.readthedocs.io/en/latest/shared_parsers_catalog/etcd_conf.html，代码如下。

```
vim /etc/etcd/etcd.conf
```

代码如下。

```
#etcd1 解释的
#[Member]
ETCD_NAME="etcd1"                                    #节点名称,集群中唯一
ETCD_DATA_DIR="/etc/etcd/data"                       #数据目录
ETCD_LISTEN_PEER_URLS="https://192.168.0.18:2380"    #集群通信监听地址
ETCD_LISTEN_CLIENT_URLS="https://192.168.0.18:2379,http://127.0.0.1:2379"
                                                     #客户端访问监听地址

ETCD_CERT_FILE=/etc/etcd/ssl/etcd_server.crt
ETCD_KEY_FILE=/etc/etcd/ssl/etcd_server.key
ETCD_TRUSTED_CA_FILE=/etc/kubernetes/pki/ca.crt
ETCD_CLIENT_CERT_AUTH=true
ETCD_PEER_CERT_FILE=/etc/etcd/ssl/etcd_server.crt
ETCD_PEER_KEY_FILE=/etc/etcd/ssl/etcd_server.key
ETCD_PEER_TRUSTED_CA_FILE=/etc/kubernetes/pki/ca.crt

#[Clustering]
ETCD_INITIAL_ADVERTISE_PEER_URLS="https://192.168.0.18:2380"   #集群通告地址
ETCD_ADVERTISE_CLIENT_URLS="https://192.168.0.18:2379"         #客户端通告地址
ETCD_INITIAL_CLUSTER="etcd1=https://192.168.0.18:2380,etcd2=https://192.168.0.19:2380,etcd3=https://192.168.0.20:2380"      #集群节点地址
ETCD_INITIAL_CLUSTER_TOKEN=etcd-cluster                        #集群 Token
ETCD_INITIAL_CLUSTER_STATE=new  #加入集群的当前状态,new 是新集群,existing 表示加入已有集群
```

代码如下。

```
#etcd1 从以下开始复制
#[Member]
ETCD_NAME=etcd1
ETCD_DATA_DIR=/etc/etcd/data
ETCD_LISTEN_PEER_URLS=https://192.168.0.27:2380
```

```
    ETCD_LISTEN_CLIENT_URLS=https://192.168.0.27:2379,http://127.0.0.1:2379

    #[SECURITY]
    ETCD_CERT_FILE=/etc/etcd/ssl/etcd_server.crt
    #etcd2
    #[Member]
    ETCD_NAME=etcd2
    ETCD_DATA_DIR=/etc/etcd/data
    ETCD_LISTEN_PEER_URLS=https://192.168.0.28:2380
    ETCD_LISTEN_CLIENT_URLS=https://192.168.0.28:2379,http://127.0.0.1:2379

    #[SECURITY]
    ETCD_CERT_FILE=/etc/etcd/ssl/etcd_server.crt
    ETCD_KEY_FILE=/etc/etcd/ssl/etcd_server.key
    ETCD_TRUSTED_CA_FILE=/etc/kubernetes/pki/ca.crt
    ETCD_CLIENT_CERT_AUTH=true
    ETCD_PEER_CERT_FILE=/etc/etcd/ssl/etcd_server.crt
    ETCD_PEER_KEY_FILE=/etc/etcd/ssl/etcd_server.key
    ETCD_PEER_TRUSTED_CA_FILE=/etc/kubernetes/pki/ca.crt
    ETCD_PEER_CLIENT_CERT_AUTH=true

    #[Clustering]
    ETCD_INITIAL_ADVERTISE_PEER_URLS=https://192.168.0.28:2380
    ETCD_ADVERTISE_CLIENT_URLS=https://192.168.0.28:2379
    ETCD_INITIAL_CLUSTER=etcd1=https://192.168.0.27:2380,etcd2=https://192.168.0.28:2380,etcd3=https://192.168.0.29:2380
    ETCD_INITIAL_CLUSTER_TOKEN=etcd-cluster
    ETCD_INITIAL_CLUSTER_STATE=new
```

代码如下。

```
    #etcd3
    #[Member]
    ETCD_NAME=etcd3
    ETCD_DATA_DIR=/etc/etcd/data
    ETCD_LISTEN_PEER_URLS=https://192.168.0.29:2380
    ETCD_LISTEN_CLIENT_URLS=https://192.168.0.29:2379,http://127.0.0.1:2379

    #[SECURITY]
    ETCD_CERT_FILE=/etc/etcd/ssl/etcd_server.crt
    ETCD_KEY_FILE=/etc/etcd/ssl/etcd_server.key
    ETCD_TRUSTED_CA_FILE=/etc/kubernetes/pki/ca.crt
    ETCD_CLIENT_CERT_AUTH=true
    ETCD_PEER_CERT_FILE=/etc/etcd/ssl/etcd_server.crt
    ETCD_PEER_KEY_FILE=/etc/etcd/ssl/etcd_server.key
    ETCD_PEER_TRUSTED_CA_FILE=/etc/kubernetes/pki/ca.crt
    ETCD_PEER_CLIENT_CERT_AUTH=true
```

```
#[Clustering]
ETCD_INITIAL_ADVERTISE_PEER_URLS=https://192.168.0.29:2380
ETCD_ADVERTISE_CLIENT_URLS=https://192.168.0.29:2379
ETCD_INITIAL_CLUSTER=etcd1=https://192.168.0.27:2380,etcd2=https://192.168.0.28:2380,etcd3=https://192.168.0.29:2380
ETCD_INITIAL_CLUSTER_TOKEN=etcd-cluster
ETCD_INITIAL_CLUSTER_STATE=new
```

步骤 22：3 台机子上都要打开 etcd（现在启动第一个，等待好以后，可能会报错，没关系，再启动后面两个），代码如下。

```
systemctl daemon-reload
systemctl enable etcd.service
systemctl restart etcd.service
systemctl status etcd

systemctl daemon-reload
systemctl restart etcd.service
```

代码如下。

```
ETCDCTL_API=3 /usr/local/bin/etcdctl --write-out=table --cacert=/etc/kubernetes/pki/ca.crt --cert=/etc/etcd/ssl/etcd_client.crt --key=/etc/etcd/ssl/etcd_client.key --endpoints=https://192.168.0.27:2379,https://192.168.0.28:2379,https://192.168.0.29:2379 endpoint health
```

代码运行结果如图 7-26 所示。

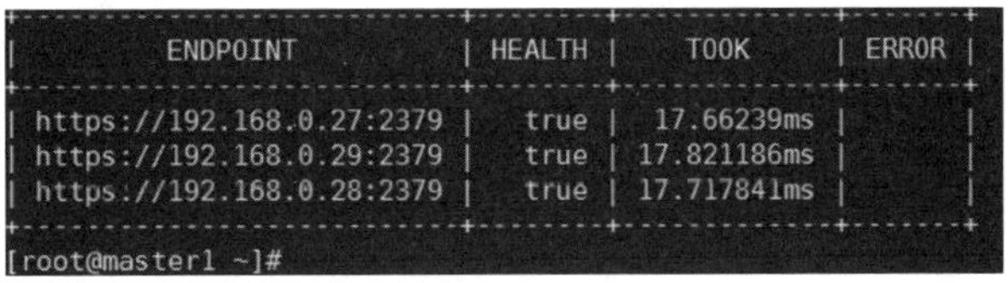

图 7-26　主机链接情况

步骤 23：部署 kube-apiserver。

下载 k8s /v1.21.3，代码如下。

```
mkdir ~/k8s
cd ~/k8s (见附件)
wget https://storage.googleapis.com/kubernetes-release/release/v1.21.3/kubernetes-server-linux-amd64.tar.gz
```

代码如下。

```
tar -zxvf kubernetes-server-linux-amd64.tar.gz
cd /root/k8s/kubernetes/server/bin
```

步骤 24：复制 k8s 文件到 usr/bin 中，代码如下。

```
cp -r * /usr/bin/
chmod -R 777 /usr/bin/
cd /etc/kubernetes/
```

步骤25：生成token.csv，代码如下。

```
cat > token.csv << EOF
$(head -c 16 /dev/urandom | od -An -t x | tr -d ' '),kubelet-bootstrap,10001,
"system:kubelet-bootstrap"
EOF
```

步骤26：生成证书请求文件apiserver_ssl.cnf，代码如下。

由于该证书后续被Kubernetes Master集群使用，需要将Master节点的IP都填上，同时还需要填写Service网络的首个IP DNS主机名Master Service虚拟服务名称，代码如下。

```
vim /etc/etcd/ssl/apiserver_ssl.cnf
```

代码如下。

```
[ req ]
distinguished_name = req_distinguished_name
req_extensions     = v3_req

[ req_distinguished_name ]
countryName                     = FZ
countryName_default             = GB
stateOrProvinceName             = FJ
stateOrProvinceName_default     = China
localityName                    = CN
localityName_default            = Fujian
organizationName                = Fujian
organizationName_default        = Home
organizationalUnitName          = Home
organizationalUnitName_default  = IT
commonName                      = k8s
commonName_max                  = 64
commonName_default              = localhost
[ v3_req ]
basicConstraints = CA:FALSE
keyUsage = nonRepudiation, digitalSignature, keyEncipherment
subjectAltName = @alt_names

[ alt_names ]
IP.1 = 192.168.0.27
IP.2 = 192.168.0.28
IP.3 = 192.168.0.29
IP.4 = 192.168.0.14
IP.5 = 192.168.0.21
```

```
IP.6 = 192.168.0.22
DNS.1 = kubernetes
DNS.2 = kubernetes.default
DNS.3 = kubernetes.default.svc
DNS.4 = kubernetes.default.svc.cluster
DNS.5 = kubernetes.default.svc.cluster.local
DNS.6 = master1
DNS.7 = master2
DNS.8 = master3
DNS.9 = node1
DNS.10 = node2
DNS.11 = node3
```

步骤27：生成 apiserver.key 和 apiserver.crt，保存在/etc/kubernetes/pki 中，代码如下。

```
cd /etc/kubernetes/pki
```

步骤28：生成 apiserver-ca 服务端证书，代码如下。

```
openssl genrsa -out apiserver.key 2048

openssl req -new -key apiserver.key -config /etc/etcd/ssl/apiserver_ssl.cnf -subj "/CN=master1" -out apiserver.csr

openssl x509 -req -in apiserver.csr -CA /etc/kubernetes/pki/ca.crt -CAkey /etc/kubernetes/pki/ca.key -CAcreateserial -days 36500 -extensions v3_req -extfile /etc/etcd/ssl/apiserver_ssl.cnf -out apiserver.crt
```

```
cd /etc/kubernetes/pki
```

步骤29：生成 apiserver-ca 客户端证书，代码如下。

```
openssl genrsa -out client.key 2048

openssl req -new -key client.key -subj "/CN=admin /O=system:masters" -out client.csr

openssl x509 -req -in client.csr -CA /etc/kubernetes/pki/ca.crt -CAkey /etc/kubernetes/pki/ca.key -CAcreateserial -days 36500 -extensions v3_req -out client.crt
```

步骤30：创建 apiserver 的 systemd 启动文件，统一 systemd 管理。其中 EnvironmentFile 是环境变量，提供 ExecStart 配置里面调用${}，代码如下。

```
vim /usr/lib/systemd/system/apiserver.service
```

代码如下。

```
[Unit]
Description=Kubernetes API Server
Documentation=https://github.com/kubernetes/kubernetes
After=etcd.service
Wants=etcd.service
```

```
[Service]
EnvironmentFile=/etc/kubernetes/apiserver.conf
ExecStart=/usr/bin/kube-apiserver $KUBE_APISERVER_OPTS
Restart=on-failure
RestartSec=5
Type=notify
LimitNOFILE=65536

[Install]
WantedBy=multi-user.target

 chmod -R 777 /usr/lib/systemd/system/apiserver.service
```

注：

- logtostderr：启用日志。

- v：日志等级。

- log-dir：日志目录。

- etcd-servers：etcd 集群地址。

- bind-address：监听地址。

- secure-port：https 安全端口。

- advertise-address：集群通告地址。

- allow-privileged：启用授权。

- service-cluster-ip-range：Service 虚拟 IP 地址段。

- enable-admission-plugins：准入控制模块。

- authorization-mode：认证授权，启用 RBAC 授权和节点自管理。

- enable-bootstrap-token-auth：启用 TLS bootstrap 机制。

- token-auth-file：bootstrap token 文件。

- service-node-port-range：Service nodeport 类型默认分配端口范围。

- kubelet-client-xxx：apiserver 访问 kubelet 客户端证书。

- tls-xxx-file：apiserver https 证书。

- etcd-xxxfile：连接 etcd 集群证书。

- audit-log-xxx：审计日志，代码如下。

```
vim /etc/kubernetes/apiserver.conf
```

代码如下。

```
KUBE_APISERVER_OPTS="--enable-admission-plugins=NamespaceLifecycle,NodeRestriction,LimitRanger,ServiceAccount,DefaultStorageClass,ResourceQuota \
    --anonymous-auth=false \
    --bind-address=192.168.0.27 \
```

```
    --secure-port=6443 \
    --advertise-address=192.168.0.27 \
    --insecure-port=0 \
    --authorization-mode=Node,RBAC \
    --token-auth-file=/etc/kubernetes/token.csv \
    --runtime-config=api/all=true \
    --enable-bootstrap-token-auth \
    --service-cluster-ip-range=10.255.0.0/16 \
    --service-node-port-range=30000-50000 \
  --tls-cert-file=/etc/kubernetes/pki/apiserver.crt \
    --tls-private-key-file=/etc/kubernetes/pki/apiserver.key \
    --client-ca-file=/etc/kubernetes/pki/ca.crt \
    KUBE_APISERVER_OPTS="--enable-admission-plugins=NamespaceLifecycle,NodeRestr
iction,LimitRanger,ServiceAccount,DefaultStorageClass,ResourceQuota \
    --anonymous-auth=false \
    --bind-address=192.168.0.27 \
    --secure-port=6443 \
    --advertise-address=192.168.0.27 \
    --insecure-port=0 \
    --authorization-mode=Node,RBAC \
    --token-auth-file=/etc/kubernetes/token.csv \
    --runtime-config=api/all=true \
    --enable-bootstrap-token-auth \
    --service-cluster-ip-range=10.255.0.0/16 \
    --service-node-port-range=30000-50000 \
  --tls-cert-file=/etc/kubernetes/pki/apiserver.crt \
    --tls-private-key-file=/etc/kubernetes/pki/apiserver.key \
    --client-ca-file=/etc/kubernetes/pki/ca.crt \
```

步骤 31：将文件复制到 master1 和 master2 中，代码如下。

```
    for i in master2 master3;do rsync -vaz /root/k8s/kubernetes/server/bin/ $i:/usr/bin/;done
    for i in master2 master3;do rsync -vaz /etc/kubernetes/ $i:/etc/kubernetes/;done
    for i in master2 master3;do rsync -vaz /usr/lib/systemd/system/apiserver.service $i:/usr/lib/systemd/system/apiserver.service;done
```

步骤 32：修改 master1 和 master2 的 IP，代码如下。

```
vim /etc/kubernetes/apiserver.conf
chmod -R 777 /usr/bin/
chmod -R 777 /usr/lib/systemd/system/apiserver.service
```

步骤 33：3 台主机启动 API，代码如下。

```
systemctl daemon-reload
systemctl enable apiserver.service
systemctl restart apiserver.service
systemctl status apiserver.service
```

```
journalctl -xe
```

步骤 34：不要证书访问，代码如下。

```
curl --insecure https://192.168.0.27:6443/
```

这个访问应该是 401 错误，如图 7-27 所示。

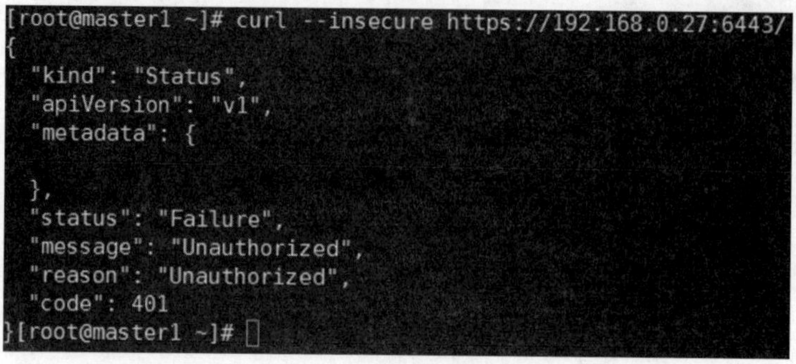

图 7-27　401 错误

### 3. 创建客户端 CA 证书

kube-controller-manager、kube-scheduler、kubelet 和 kube-proxy 作为客户端连接 kube-apiserver 服务，需要为它们创建客户端 CA 证书，后续 kube-apiserver 使用 RBAC 对客户端（如 kubelet、kube-proxy 和 Pod）请求进行授权。

kube-apiserver 预定义了一些 RBAC 使用的 RoleBindings，如 cluster-admin 将 Group system:masters 与 Role cluster-admin 绑定，该 Role 授予了调用 kube-apiserver 的所有 API 的权限。

O 指定该证书的 Group 为 system:masters，kubelet 使用该证书访问 kube-apiserver 时，由于证书被 CA 签名，所以认证通过，同时由于证书用户组为经过预授权的 system:masters，所以被授予访问所有 API 的权限。

注：这个 admin 证书是将来生成管理员用的 kube config 配置文件用的，现在一般建议使用 RBAC 来对 Kubernetes 进行角色权限控制，Kubernetes 将证书中的 CN 字段作为 User，O 字段作为 Group；"O"："system:masters"，必须是 system:masters，否则后面的 kubectl create clusterrolebinding 报错。

### 4. 部署 kubeclt 到 apiserver

步骤 1：kubectl 默认从 \~/.kube/config 配置文件获取访问 kube-apiserver 地址、证书、用户名等信息，如果没有配置该文件，或者该文件个别参数配置出错，代码如下。

```
cd ~
mkdir /root/.kube/

kubectl config set-cluster kubernetes --certificate-authority=/etc/kubernetes/pki/ca.crt --embed-certs=true --server=https://192.168.0.27:6443 --kubeconfig=kube.config
```

```
kubectl config set-credentials admin --client-certificate=/etc/kubernetes/pki/
client.crt --client-key=/etc/kubernetes/pki/client.key --embed-certs=true --kubeconfig=
kube.config

kubectl config set-context kubernetes --cluster=kubernetes --user=admin
--kubeconfig=kube.config

kubectl config use-context kubernetes --kubeconfig=kube.config
cp kube.config /root/.kube/config
```

以上会生成如下文件,代码如下。

```
vim /root/.kube/config
apiVersion: v1
clusters:
- cluster:
    certificate-authority-data:
    server: https://192.168.0.18:8443
  name: kubernetes
contexts:
- context:
    cluster: kubernetes
    user: admin
  name: kubernetes
current-context: kubernetes
kind: Config
preferences: {}
users:
- name: admin
  user:
    client-certificate-data:
    client-key-data:
```

步骤2:把文件移动到config,代码如下。

```
mkdir -p /root/.kube/
cp kube.config /root/.kube/config


Kubectl 接入 apiserver
kubectl create clusterrolebinding kube-apiserver:kubelet-apis --clusterrole=system:kubelet-api-admin --user kubernetes


kubectl cluster-info
kubectl get componentstatuses
kubectl get all --all-namespaces
```

步骤 3：同步 kubectl 配置文件到其他节点，代码如下。

```
rsync -vaz /root/.kube/config master2:/root/.kube/
rsync -vaz /root/.kube/config master3:/root/.kube/

kubectl 子命令补全
yum install -y bash-completion
source /usr/share/bash-completion/bash_completion
source <(kubectl completion bash)
kubectl completion bash > ~/.kube/completion.bash.inc
source '/root/.kube/completion.bash.inc'
source $HOME/.bash_profile
```

以上会生成如下文件，代码如下。

```
vim /root/.kube/config
apiVersion: v1
clusters:
- cluster:
    certificate-authority-data:
    server: https://192.168.0.18:8443
  name: kubernetes
contexts:
- context:
    cluster: kubernetes
    user: admin
  name: kubernetes
current-context: kubernetes
kind: Config
preferences: {}
users:
- name: admin
  user:
    client-certificate-data:
    client-key-data:
```

## 7.1.4　Kubernetes 集群的安全设置

### 1. 基于 CA 签名的双向数字证书认证方式

在一个安全的内网环境中，Kubernetes 的各个组件与 Master 之间可以通过 kube-apiserver 的非安全端口 http://kube-apiserver-ip:8080 进行访问。

但如果 API Server 需要对外提供服务，或者集群中的某些容器也需要访问 API Server 以获取集群中的某些信息，则更安全的做法是启用 HTTPS 安全机制。Kubernetes 提供了基于 CA 签名的双向数字证书认证方式和简单的基于 HTTP Base 或 Token 的认证方式，其中 CA 证书方式的安全性最高。本节先介绍如何以 CA 证书的方式配置 Kubernetes 集群。

要求 Master 上的 kube-apiserver、kube-controller-manager、kube-scheduler 进程及各 Node 上的 kubelet、kube-proxy 进程进行 CA 签名双向数字证书安全设置。

基于 CA 签名的双向数字证书的生成过程如下。

（1）为 kube-apiserver 生成一个数字证书，并用 CA 证书签名。

（2）为 kube-apiserver 进程配置证书相关的启动参数，包括 CA 证书（用于验证客户端证书的签名真伪）、自己的经过 CA 签名后的证书及私钥。

（3）为每个访问 Kubernetes API Server 的客户端（如 kubecontroller-manager、kube-scheduler、kubelet、kube-proxy 及调用 API Server 的客户端程序 kubectl 等）进程都生成自己的数字证书，也都用 CA 证书签名，在相关程序的启动参数里增加 CA 证书、自己的证书等相关参数。

### 2. 生成数字证书的 6 个步骤

（1）设置 kube-apiserver 的 CA 证书相关的文件和启动参数，使用 OpenSSL 工具在 Master 服务器上创建 CA 证书和私钥相关的文件。

（2）设置 kube-controller-manager 的客户端证书、私钥和启动参数。

（3）设置 kube-scheduler 启动参数。

（4）设置每个 Node 上 kubelet 的客户端证书、私钥和启动参数。

（5）设置 kube-proxy 的启动参数。

（6）设置 kubectl 客户端使用安全方式访问 API Server。

## 7.1.5　Kubernetes 集群的网络配置

在多个 Node 组成的 Kubernetes 集群内，跨主机的容器间网络互通是 Kubernetes 集群能够正常工作的前提条件。Kubernetes 本身并不会对跨主机的容器网络进行设置，这需要额外的工具来实现。除了谷歌公有云 GCE 平台提供的网络设置，一些开源的工具包括 Flannel、Open vSwitch、Weave、Calico 等都能够实现跨主机的容器间网络互通。随着 CNI 网络模型的逐渐成熟，Kubernetes 将优先使用 CNI 网络插件打通跨主机的容器网络。

（1）Flannel（覆盖网络）。

（2）Open vSwitch（虚拟交换机）。

（3）直接路由。

## 7.1.6　Kubernetes 核心服务配置详解

Kubernetes 的每个服务都提供了许多可配置的参数，这些参数涉及安全性、性能优化及功能扩展（Plugin）等方方面面。

每个服务的可用参数都可以通过运行 "cmd --help" 命令进行查看，其中 cmd 为具体的服务启动命令，如 kube-apiserver、kube-controller-manager、kube-scheduler、kubelet、kube-proxy 等。另外，可以通过在命令的配置文件（如/etc/kubernetes/kubelet 等）中添加"--参数名=参数取值"语句来完成对某个参数的配置。

1. 公共配置参数

公共配置参数适用于所有服务（kube-apiserver、kube-controller-manager、kube-scheduler、kubelet、kube-proxy），如表 7-4 所示。

表 7-4  公共配置参数表

| 参数名和取值示例 | 说　　明 |
| --- | --- |
| --log-backtrace-at traceLocation | 记录日志每到"file:行号"时打印一次 stack trace，默认值为 0 |
| --log-dir string | 日志文件路径 |
| --log-flush-frequency duration | 设置 flush 日志文件的时间间隔，默认值为 5s |
| --logtostderr | 设置为 true 则表示将日志输出到 stderr，不输出到日志文件 |
| --alsologtostderr | 设置为 true 则表示将日志输出到文件的同时输出到 stderr |
| ... | ... |

2. kube-apiserver 启动参数

kube-apiserver 启动参数说明如表 7-5 所示。

表 7-5  对 kube-apiserver 启动参数的说明

| 参数名和取值示例 | 说　　明 |
| --- | --- |
| --apiserver-count int | 集群中运行的 API Server 数量，默认值为 1 |
| --audit-log-maxage int | 审计日志文件保留最长天数 |
| --audit-log-maxbackup int | 审计日志文件个数 |
| --audit-log-maxsize int | 审计日志文件单个大小限制，单位为 MB，默认为 100MB |
| --audit-log-path string | 审计日志文件全路径 |
| ... | ... |

3. kubelet 启动参数

kubelet 启动参数说明如表 7-6 所示。

表 7-6  对 kubelet 启动参数的说明

| 参数名和取值示例 | 说　　明 |
| --- | --- |
| --address ip | 绑定主机 IP 地址，默认值为 0.0.0.0，表示使用全部网络接口 |
| --allow-privileged | 是否允许以特权模式启动容器，默认值为 false |

续表

| 参数名和取值示例 | 说 明 |
|---|---|
| --api-servers | API Server 地址列表，以 ip:port 格式表示，以逗号分隔 |
| --anonymous-auth | 设置为 true 时表示 Kubelet Server 可以接收匿名请求。不会被任何 authentication 拒绝的请求将被标记为匿名请求。匿名请求的用户名为 system:anonymous，用户组为 system:unauthenticated。默认值为 true |
| --application-metrics-count-limit int | 为每个容器保存的性能指标的最大数量，默认值为 100 |
| ... | ... |

## 7.2 Kubernetes 命令行工具

### 7.2.1 kubectl 用法介绍

Kubernetes 集群中可以使用 kubectl 命令行工具进行管理。kubectl 可在$HOME/.kube 目录中查找一个名为 config 的配置文件。用户可以通过设置 KUBECONFIG 环境变量或设置--kubeconfig 参数来指定其他 kubeconfig 文件。

使用以下语法 kubectl 从终端窗口运行命令，代码如下。

```
kubectl [command] [TYPE] [NAME] [flags]
```

（1）command：指定要对一个或多个资源执行的操作，如 create、get、describe、delete 等。

（2）TYPE：指定资源类型。资源类型不区分大小写，可以指定单数、复数或缩写形式，代码如下。

```
例如,以下命令输出相同的结果。
kubectl get pod pod1
kubectl get pods pod1
kubectl get po pod1
```

（3）NAME：指定资源的名称。名称区分大小写。如果省略名称，则显示所有资源的详细信息 kubectl get pods。在对多个资源执行操作时，可以按类型和名称指定每个资源，或指定一个或多个文件。

要对所有类型相同的资源进行分组，请执行以下操作：TYPE1 name1 name2 name<#>，代码如下。

```
kubectl get pod example-pod1 example-pod2
```

分别指定多个资源类型：TYPE1/name1 TYPE1/name2 TYPE2/name3 TYPE<#>/name<#>，代码如下。

```
kubectl get pod/example-pod1 replicationcontroller/example-rc1
```

用一个或多个文件指定资源：-f file1 -f file2 -f file<#>。

flags：指定可选的参数。例如，可以使用-s 或-server 参数指定 Kubernetes API 服务器的地址和端口。

kubectl 作为 kubernetes 的命令行工具，主要用于对集群中的资源的对象进行操作，包括对资源对象的创建、删除和查看等。在 7.2.2 节中详细介绍了 kubectl 支持的所有操作，以及这些操作的语法和描述信息。

## 7.2.2 kubectl 子命令详解

kubectl 支持的操作如表 7-7～表 7-9 所示。

表 7-7 Kubernetes 命令 1

| 操　　作 | 语　　法 | 描　　述 |
| --- | --- | --- |
| delete | kubectl delete（-f FILENAME \| TYPE [NAME \| /NAME \| -l label \| --all]）[flags] | 删除资源对象 |
| describe | kubectl describe（-f FILENAME \| TYPE [NAME_PREFIX \| /NAME \| -l label]）[flags] | 显示一个或者多个资源对象的详细信息 |
| edit | kubectl edit（-f FILENAME \| TYPE NAME \| TYPE/NAME）[flags] | 通过默认编辑器编辑和更新服务器上的一个或多个资源对象 |
| exec | kubectl exec POD [-c CONTAINER] [-i] [-t] [flags] [-- COMMAND [args...]] | 在 Pod 的容器中执行一个命令 |
| explain | kubectl explain [--include-extended-apis=true] [--recursive=false] [flags] | 获取 Pod、Node 和服务等资源对象的文档 |
| expose | kubectl expose（-f FILENAME \| TYPE NAME \| TYPE/NAME）[--port=port] [--protocol=TCP\|UDP] [--target-port=number-or-name] [--name=name] [----external-ip=external-ip-of-service] [--type=type] [flags] | 为副本控制器、服务或 Pod 等暴露一个新的服务 |
| get | kubectl get（-f FILENAME \| TYPE [NAME \| /NAME \| -l label]）[--watch] [--sort-by=FIELD] [[-o \| --output]=OUTPUT_FORMAT] [flags] | 列出一个或多个资源 |
| label | kubectl label（-f FILENAME \| TYPE NAME \| TYPE/NAME）KEY_1=VAL_1 ... KEY_N=VAL_N [--overwrite] [--all] [--resource-version=version] [flags] | 添加或更新一个或者多个资源对象的标签 |

表 7-8 Kubernetes 命令 2

| 操　　作 | 语　　法 | 描　　述 |
| --- | --- | --- |
| annotate | kubectl annotate（-f FILENAME \| TYPE NAME \| TYPE/NAME）KEY_1=VAL_1 ... KEY_N=VAL_N [--overwrite] [--all] [--resource-version=version] [flags] | 添加或更新一个或多个资源的注释 |

续表

| 操 作 | 语 法 | 描 述 |
|---|---|---|
| api-versions | kubectl api-versions [flags] | 列出可用的 API 版本 |
| apply | kubectl apply -f FILENAME [flags] | 将来自于文件或 stdin 的配置变更应用到主要对象中 |
| attach | kubectl attach POD -c CONTAINER [-i] [-t] [flags] | 连接到正在运行的容器上，以查看输出流或与容器交互（stdin） |
| autoscale | kubectl autoscale（-f FILENAME \| TYPE NAME \| TYPE/NAME）[–min=MINPODS] –max=MAXPODS [–cpu-percent=CPU] [flags] | 自动扩容和缩容由副本控制器管理的 Pod |
| cluster-info | kubectl cluster-info [flags] | 显示群集中的主节点和服务的端点信息 |
| config | kubectl config SUBCOMMAND [flags] | 修改 kubeconfig 文件 |
| create | kubectl create -f FILENAME [flags] | 从文件或 stdin 中创建一个或多个资源对象 |

表 7-9　Kubernetes 命令 3

| 操 作 | 语 法 | 描 述 |
|---|---|---|
| logs | kubectl logs POD [-c CONTAINER] [–follow] [flags] | 显示 Pod 中一个容器的日志 |
| patch | kubectl patch（-f FILENAME \| TYPE NAME \| TYPE/NAME）–patch PATCH [flags] | 使用策略合并补丁过程，更新资源对象中的一个或多个字段 |
| port-forward | kubectl port-forward POD [LOCAL_PORT:]REMOTE_PORT [...[LOCAL_PORT_N:]REMOTE_PORT_N] [flags] | 将一个或多个本地端口转发到 Pod |
| proxy | kubectl proxy [–port=PORT] [–www=static-dir] [–www-prefix=prefix] [–api-prefix=prefix] [flags] | 为 kubernetes API 服务器运行一个代理 |
| replace | kubectl replace -f FILENAME | 从文件或 stdin 中替换资源对象 |
| rolling-update | kubectl rolling-update OLD_CONTROLLER_NAME（[NEW_CONTROLLER_NAME] –image=NEW_CONTAINER_IMAGE \| -f NEW_CONTROLLER_SPEC）[flags] | 通过逐步替换指定的副本控制器和 Pod 来执行滚动更新 |
| run | kubectl run NAME –image=image [–env="key=value"] [–port=port] [–replicas=replicas] [–dry-run=bool] [–overrides=inline-json] [flags] | 在集群上运行一个指定的镜像 |
| scale | kubectl scale（-f FILENAME \| TYPE NAME \| TYPE/NAME）–replicas=COUNT [–resource-version=version] [–current-replicas=count] [flags] | 扩容和缩容副本集的数量 |

续表

| 操作 | 语法 | 描述 |
|---|---|---|
| version | kubectl version [--client] [flags] | 显示运行在客户端和服务器端的 Kubernetes 版本 |

## 7.2.3　kubectl 输出格式

格式化输出所有 kubectl 命令的默认输出格式都是纯文本格式。要以特定格式向终端窗口输出详细信息，可以将 -o 或 --output 参数添加到受支持的 kubectl 命令中。kubectl [command] [TYPE] [NAME] -o=<output_format>，如表 7-10 所示。

表 7-10　kubectl 输出格式

| 操作 | 描述 |
|---|---|
| -o custom-columns=<spec> | 使用逗号分隔的自定义列列表打印表 |
| -o custom-columns-file=<filename> | 使用 <filename> 文件中的自定义列模板打印表 |
| -o json | 输出 JSON 格式的 API 对象 |
| -o jsonpath=<template> | 打印 jsonpath 表达式定义的字段 |
| -o jsonpath-file=<filename> | 打印 <filename> 文件中 jsonpath 表达式定义的字段 |
| -o name | 仅打印资源名称，而不打印任何其他内容 |
| -o wide | 以纯文本格式输出，包含任何附加信息。对于 Pod 包含节点名 |
| -o yaml | 输出 YAML 格式的 API 对象 |

## 7.2.4　kubectl 操作示例

执行 kubectl 命令，获取 nodes 的信息，代码如下。

```
kubectl get nodes
```

代码运行结果如图 7-28 所示。

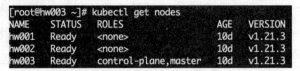

图 7-28　获取 nodes 的信息

执行 kubectl 命令 get，代码如下。

```
kubectl get deployment
```

代码运行结果如图 7-29 所示。

```
[root@hw003 ~]# kubectl get deployment
NAME             READY   UP-TO-DATE   AVAILABLE   AGE
frontend         3/3     3            3           9d
redis-follower   2/2     2            2           9d
redis-leader     1/1     1            1           9d
```

图 7-29　获取 deployment 的信息

执行 kubectl 命令 get，代码如下。

```
#具有基本输出的 get 命令
$ kubectl get services                      #列出命名空间下的所有 service
$ kubectl get pods --all-namespaces         #列出所有命名空间下的 Pod
$ kubectl get pods -o wide                  #列出命名空间下所有 Pod,带有更详细的信息
$ kubectl get deployment my-dep             #列出特定的 deployment
$ kubectl get pods --include-uninitialized
                                            #列出命名空间下所有的 Pod,包括未初始化的对象

#有详细输出的 describe 命令
$ kubectl describe nodes my-node
$ kubectl describe pods my-pod
$ kubectl get services --sort-by=.metadata.name # List Services Sorted by Name

#查询带有标签 app=cassandra 的所有 Pod,获取它们的 version 标签值
$ kubectl get pods --selector=app=cassandra rc -o \
  jsonpath='{.items[*].metadata.labels.version}'

#获取命名空间下所有运行中的 Pod
$ kubectl get pods --field-selector=status.phase=Running

#所有节点的 ExternalIP
$ kubectl get nodes -o jsonpath='{.items[*].status.addresses[?(@.type==
"ExternalIP")].address}'

#列出输出特定 RC 的所有 Pod 的名称
#"jq" 命令对那些 jsonpath 看来太复杂的转换非常有用,可以在这找到: https://stedolan.
  github.io/jq/
$ sel=${$(kubectl get rc my-rc --output=json | jq -j '.spec.selector | to_entries
| .[] | "\(.key)=\(.value),"')%?}
$ echo $(kubectl get pods --selector=$sel --output=jsonpath={.items..metadata.
name})

#根据重启次数排序,列出所有 Pod
$ kubectl get pods --sort-by='.status.containerStatuses[0].restartCount'

#检查哪些节点已经 ready
JSONPATH='{range .items[*]}{@.metadata.name}:{range @.status.conditions[*]}
{@.type}={@.status};{end}{end}' \
```

```
        && kubectl get nodes -o jsonpath="$JSONPATH" | grep "Ready=True"

#列出某个 Pod 目前在用的所有 Secret
kubectl get pods -o json | jq '.items[].spec.containers[].env[]?.valueFrom.
secretKeyRef.name' | grep -v null | sort | uniq

#列出通过 timestamp 排序的所有 Event
kubectl get events --sort-by=.metadata.creationTimestamp
```

执行 kubectl 命令 get，代码如下。

```
kubectl describe deployments/nginx
```

### 1. kubectl exec 命令

此命令用于在 Pod 中的容器上执行一个命令，此处在 nginx 的一个容器上执行/bin/bash 命令，代码如下。

```
kubectl exec -it nginx-c5cff9dcc-dr88w /bin/bash
```

### 2. kubectl logs 命令

此命令用于将容器中的日志导出，使用户能清楚地知晓容器信息，代码如下。

```
kubectl logs 命令

此命令用于将容器中的日志导出,使用户能清楚知晓容器的信息。

kubectl logs [-f] [-p] POD [-c CONTAINER]
-c, --container="": 容器名

-f, --follow[=false]: 指定是否持续输出日志
    --interactive[=true]: 如果为 true,当需要时提示用户进行输入.默认为 true
    --limit-bytes=0: 输出日志的最大字节数.默认无限制

-p, --previous[=false]: 如果为 true,输出 pod 中曾经运行过,但目前已终止容器的日志
    --since=0: 仅返回相对时间范围,如 5s、2m 或 3h 之内的日志.默认返回所有日志.只能同时使
               用 since 和 since-time 中的一种
    --since-time="": 仅返回指定时间（RFC3339 格式）之后的日志.默认返回所有日志.只能同时
                     使用 since 和 since-time 中的一种
    --tail=-1: 要显示最新的日志条数.默认为-1,显示所有的日志
    --timestamps[=false]: 在日志中包含时间戳
```

### 3. kubectl delete 命令

此命令用于删除集群中已存在的资源对象，可以通过指定名称、标签选择器、资源选择器等，代码如下。

```
kubectl delete -f ./pod.json              #使用 pod.json 中指定的类型和名称删除 pod
kubectl delete pod,service baz foo        #删除名称为 "baz" 和 "foo" 的 pod 和 service
kubectl delete pods,services -l name=myLabel  #删除带有标签 name=myLabel 的 pod
                                              和 service
```

```
kubectl delete pods,services -l name=myLabel --include-uninitialized
              #删除带有标签 name=myLabel 的 pod 和 service,包括未初始化的对象
kubectl -n my-ns delete po,svc --all
```

### 4. kubectl rolling-update 命令

此命令用于滚动更新对镜像、端口等的更新，代码如下。

```
kubectl rolling-update frontend-v1 -f frontend-v2.json #滚动更新 pod: frontend-v1
kubectl rolling-update frontend-v1 frontend-v2 --image=image:v2
                                           #变更资源的名称并更新镜像
kubectl rolling-update frontend --image=image:v2      #更新 Pod 的镜像
kubectl rolling-update frontend-v1 frontend-v2 --rollback #中止进行中的过程
cat pod.json | kubectl replace -f -   #根据传入标准输入的 json 替换一个 Pod

#强制替换,先删除,然后再重建资源,会导致服务中断
kubectl replace --force -f ./pod.json
#为副本控制器(rc)创建服务,它开放 80 端口,并连接到容器的 8080 端口

kubectl expose rc nginx --port=80 --target-port=8000
```

### 5. kubectl patch 命令

```
kubectl patch node k8s-node-1 -p '{"spec":{"unschedulable":true}}' #部分更新节点

#更新容器的镜像,spec.containers[*].name 是必需的,因为它们是一个合并键
kubectl patch pod valid-pod -p '{"spec":{"containers":[{"name":"kubernetes-serve-hostname","image":"new image"}]}}'

#使用带有数组位置信息的 json 修补程序更新容器镜像
kubectl patch pod valid-pod --type='json' -p='[{"op": "replace", "path":"/spec/containers/0/image", "value":"new image"}]'

#使用带有数组位置信息的 json 修补程序禁用 deployment 的 livenessProbe
kubectl patch deployment valid-deployment --type json  -p='[{"op": "remove", "path": "/spec/template/spec/containers/0/livenessProbe"}]'

#增加新的元素到数组指定的位置中
kubectl patch sa default --type='json' -p='[{"op": "add", "path": "/secrets/1", "value": {"name": "whatever" } }]'
```

### 6. kubectl edit 命令

```
kubectl edit svc/docker-registry
#编辑名称为 docker-registry 的 service
KUBE_EDITOR="nano" kubectl edit svc/docker-registry
#使用 alternative 编辑器
```

### 7. kubectl scale 命令

```
kubectl scale --replicas=3 rs/foo
#缩放名称为 'foo' 的 replicaset,调整其副本数为 3
kubectl scale --replicas=3 -f foo.yaml
#缩放在 "foo.yaml" 中指定的资源,调整其副本数为 3
kubectl scale --current-replicas=2 --replicas=3 deployment/mysql
#如果名称为 mysql 的 deployment 目前规模为 2,将其规模调整为 3
kubectl scale --replicas=5 rc/foo rc/bar rc/baz
#缩放多个副本控制器
```

### 8. kubectl 与运行中的 pod 交互

```
kubectl logs my-pod                              #转储 pod 日志到标准输出
kubectl logs my-pod -c my-container  #有多个容器的情况下,转储 Pod 中容器的日志到标准输出
kubectl logs -f my-pod                           #Pod 日志流向标准输出
kubectl logs -f my-pod -c my-container  #有多个容器的情况下,Pod 中容器的日志流到标准输出
kubectl run -i --tty busybox --image=busybox -- sh  #使用交互的 shell 运行 pod
kubectl attach my-pod -i                         #关联到运行中的容器
kubectl port-forward my-pod 5000:6000  #在本地监听 5000 端口,然后转到 my-pod 的 6000 端口
kubectl exec my-pod -- ls /                      #1 个容器的情况下,在已经存在的 Pod 中运行命令
kubectl exec my-pod -c my-container -- ls /#多个容器的情况下,在已经存在的 Pod 中运行命令
kubectl top pod POD_NAME --containers     #显示 Pod 及其容器的度量
```

### 9. kubectl 与 node 和集群交互

```
kubectl cordon my-node                           #标记节点 my-node 为不可调度
kubectl drain my-node                            #准备维护时,排除节点 my-node
kubectl uncordon my-node                         #标记节点 my-node 为可调度
kubectl top node my-node                         #显示给定节点的度量值
kubectl cluster-info                             #显示 master 和 service 的地址
kubectl cluster-info dump                        #将集群的当前状态转储到标准输出
kubectl cluster-info dump --output-directory=/path/to/cluster-state
                                    #将集群的当前状态转储到目录 /path/to/cluster-state
#如果带有该键和效果的污点已经存在,则将按指定的方式替换其值
kubectl taint nodes foo dedicated=special-user:NoSchedule
```

## 7.3 深入理解 Pod

### 7.3.1 Pod 介绍

Pod 的官方地址为:https://kubernetes.io/docs/concepts/workloads/pods/

Pod 就是豆荚里面的小豆子,形象地比喻 pod 在 k8s 里面的逻辑状态,Pod 是 k8s 中可部署创建管理的最小单元,一个 Pod(就像一个豌豆荚)是一个组,这个组中包含一个或多个容器(如 Docker 容器),具有共享存储/网络,以及如何运行容器的规范。

Pod 的内容总是同时定位和同时调度，并在共享上下文中运行。Pod 为特定于应用程序的"逻辑主机"建立模型，它包含一个或多个相对紧密耦合的应用程序容器。在容器之前的世界中，在相同的物理或虚拟机上执行则意味着在相同的逻辑主机上执行。

1. Pod 是什么

Pod 是 Kubernetes 应用程序的基本执行单元，是创建或部署的 Kubernetes 对象模型中最小、最简单的单元。Pod 代表在集群上运行的进程。

一个 Pod 封装了一个应用程序的容器（在某些情况下是多个容器）、存储资源、一个唯一的网络 IP 和控制容器如何运行的选项。

一个 Pod 代表一个部署单元，即 Kubernetes 中的应用程序的一个单个实例，它可能由单个容器或少量紧密耦合且共享资源的容器组成。

Docker 是 Kubernetes Pod 中最常用的容器运行时，但是 Pods 也支持其他容器运行时。

Pod 是 Kubernetes 应用程序的基本执行单元，是创建或部署的 Kubernetes 对象模型中最小、最简单的单元。Pod 代表在集群上运行的进程。

Pod 中的容器共享一个 IP 地址和端口空间，并且可以通过 localhost 相互查找。它们还可以使用 SystemV 信号量或 POSIX 共享内存等标准进程间通信进行通信。不同的 Pods 中的容器拥有不同的 IP 地址，没有特殊配置的情况下是不能通过 IPC 进行通信的。这些容器通常通过 Pod IP 地址彼此通信。

Pod 中的应用程序也可以访问共享 volumes，这些共享 volumes 被定义为 Pod 的一部分，可以安装到每个应用程序的文件系统中。

在 Docker 构造方面，Pod 被建模为一组 Docker 容器，它们具有共享的名称空间和共享的文件系统 volumes。

与单个应用程序容器一样，Pods 被认为是相对短暂的（而不是持久的）实体。正如在 Pod 生命周期中所讨论的，创建 Pod，分配唯一 ID（UID），并将其调度到节点，直到终止（根据重启策略）或删除。如果一个节点死亡，那么在超时之后，该节点的 Pods 将被删除。给定的 Pod（由 UID 定义）不会"重新调度"到一个新节点；相反，它可以被一个相同的 Pod 替换，如果需要，甚至可以使用相同的名称，但是要使用一个新的 UID。

如果 Pod 被删除，那么与之相关联的资源都会被销毁，并在必要时重新创建。

2. Pods 的动机

Pods 是一个模型，这种模型就是将多个协作流程内聚成一个服务。它们通过提供比其组成应用程序集更高级别的抽象来简化应用程序部署和管理。Pods 可以作为部署、水平扩展和副本的单元。在 Pods 中，托管（协同调度）、共享命运（如终止）、协调副本、资源共享和依赖项管理都是自动处理的。

3. Pods 可使数据共享和成员之间进行通信

在一个 Pod 中的所有应用程序都使用相同的网络名称空间（即相同的 IP 和端口），因此应用之间可以"找到"彼此并使用 localhost 进行通信。因此，Pod 中的应用程序必须协调它们对端口的使用。每个 Pod 在平面共享网络空间中都有一个 IP 地址，可以通过网络与其他物理计算机和 Pod 进行完全通信。

除了定义在 Pod 中运行的应用程序容器，Pod 还指定一组共享存储 volumes。volumes 使数据能够在容器重启后继续存在，并在 Pod 内的应用程序之间共享。

### 7.3.2 Pod 的基本用法和静态 Pod

Pod 在 Kubernetes 集群中主要有两种使用方式。

（1）运行一个单独的容器：这是最常用的方式；在这种情况下，可以认为一个 Pod 封装了一个单独的容器，Kubernetes 是对 Pod 进行管理，而不是直接对容器进行管理。

（2）运行耦合度高的多个容器：Pod 也可能包含多个容器，这些容器之间关联紧密，需要共享资源。将多个容器添加到单个 Pod 的主要原因是应用可能由一个主进程和一个或多个辅助进程组成。在实践中，把一个进程放到一个容器中运行是最好的。

首先，静态 Pod 直接由特定的节点上的 kubelet 进程来管理，不通过 master 节点上的 apiserver，无法与人们常用的控制器 Deployment 或者 DaemonSet 进行关联，它由 kubulet 进程自己来监控，当 Pod 崩溃时重启该 Pod，kubelet 也无法对它们进行健康检查。

静态 Pod 始终绑定在某一个 kubelet 上，并且始终运行在同一个节点上。kubelet 会自动为每一个静态 Pod 在 Kubernetes 的 apiserver 上创建一个镜像 Pod（Mirror Pod），因此可以在 apiserver 中查询到该 Pod，但是不能通过 apiserver 进行控制和删除。

### 7.3.3 Pod 容器共享 Volume 和 Pod 的配置管理

**1. 同一个 Pod 中的多个容器能够共享 Pod 级别的存储卷 Volume**

Volume 可以被定义为各种类型，多个容器各自进行挂载操作，将一个 Volume 挂载为容器内部需要的目录，代码如下。

```
apiVersion: v1
kind: Pod
metadata:
  name: volume-pod
spec:
  containers:
  - name: tomcat
    image: tomcat
    ports:
    - containerPort: 8080
    volumeMounts:
    - name: app-logs
```

```
      mountPath: /usr/local/tomcat/logs
  - name: busybox
    image: busybox
    command: ["sh","-c","tail -f /logs/catalina*.log"]
    volumeMounts:
    - name: app-logs
      mountPath: /logs
  volumes:
  - name: app-logs
    emptyDir: {}
```

这里设置的 Volume 名为 app-logs，类型为 emptyDir，挂载到 tomcat 容器内的/usr/local/tomcat/logs 目录，同时挂载到 logreader 容器内的/logs 目录。tomcat 容器在启动后会向/usr/local/tomcat/logs 目录写文件，logreader 容器就可以读取其中的文件了。

logreader 容器的启动命令为 tail -f /logs/catalina*.log，可以通过 kubectl logs 命令查看 logreader 容器的输出内容。

2. 容器使用 ConfigMap 的典型用法

（1）生产为容器的环境变量。

（2）设置容器启动命令的启动参数（需设置为环境变量）。

（3）以 Volume 的形式挂载为容器内部的文件或目录。

ConfigMap 以一个或多个 key:value 的形式保存在 Kubernetes 系统中供应用使用，既可以用于表示一个变量的值，也可以用于表示一个完整的配置文件内容。

通过 yaml 配置文件或者直接使用 kubelet create configmap 命令的方式来创建 ConfigMap。

3. Pods 在 Kubernetes 集群中主要有两种使用方式

（1）一个 Pod 一个容器，这种模式可以认为是 Pod 里面包裹了容器，k8s 管理 Pod 而不是直接管理容器。

（2）一个 Pod 运行多个容器，这里可以用过边车模式。

每个 Pod 代表运行一个给定应用的单个实例。如果想要水平扩展应用（如运行多个实例），应该用多个 Pods，每个实例一个 Pod。在 Kubernetes 中，通常称之为副本。副本 Pods 通常作为一个组被一个控制器创建和管理。

## 7.3.4 在容器内获取 Pod 信息

在某些集群中，集群中的每个节点都需要将自身的标识（ID）及进程绑定的 IP 等信息事先写入配置文件中，进程启动时读取这些信息，然后发布到某个类似服务注册中心的地方，以实现集群节点的自动发现功能。此时可以使用 Downward API，具体做法是先编写一个预启动脚本或 Init Container，通过环境变量或文件的方式获取 Pod 自身的名称、IP 地址等信息，然后写入主程序的配置文件中，最后启动主程序。

Downward API 可以通过以下两种方式将 Pod 信息注入容器内部。

（1）环境变量：用于单个变量，可以将 Pod 信息和 Container 信息注入容器内部。

（2）Volume 挂载：将数组类信息生成文件，挂载到容器内部。

### 7.3.5 Pod 生命周期和重启策略

1. Pod 状态

（1）Pending：API Server 已经创建该 Pod，但在 Pod 内还有一个或多个容器的镜像还没被创建，包括正在下载镜像的过程。

（2）Running：Pod 内所有的容器均已创建，且至少有一个容器处于运行状态，正在启动状态或正在重启状态。

（3）Succeeded：Pod 内所有容器均已成功执行后退出，且不会重启。

（4）Unknow：由于某种原因无法获取该 Pod 状态，可能由于网络通信不畅导致。

2. Pod 重启策略

Pod 重启策略（RestartPolicy）应用于 Pod 内的所有容器，并且在 Pod 所处的 Node 上由 kubelet 进行判断和重启操作。当某个容器异常退出或健康检查失败时，kubelet 将根据 RestartPolicy 的设置来进行相应的操作。

Pod 的重启策略包括 Always（默认）、OnFailure 和 Never。

（1）Always：当容器失败时，由 kubelet 自动重启该容器。

（2）OnFailure：当容器终止运行且退出码不为 0 时，由 kubelet 重启该容器。

（3）Never：不论容器运行状态如何，kubelet 都不会重启该容器。

kubelet 重启失效容器的时间间隔以 sync-frequnecy 乘以 $2n$ 来计算，如 1、2、4、8 倍等，最长延迟 5min，并且在重启后 10min 重置该时间。

3. Pod 重启策略与控制方式

（1）RC 和 DaemonSet：必须设置为 Always，需要保证该容器持续运行。

（2）Job：OnFailure 或 Never，确保容器执行完后不会再运行。

（3）Kubelet：在 Pod 失效时自动重启它，不论将 RestartPolicy 设置为何值，也不会对 Pod 进行健康检查。

### 7.3.6 Pod 健康检查和 Pod 调度

1. Pod 健康检查和服务可用性检查

Kubernetes 对 Pod 的健康检查可以通过两类探针来检查：LivenessProbe 和 ReadinessProbe。

LivenessProbe 探针：用于判断容器是否存活（Running 状态），如果 LivenessProbe 探

测到容器不健康，则 kubelet 将杀死该容器，并根据容器的重启策略进行相应的处理。如果一个容器不包括 LivenessProbe 探针，那么 kubelet 则会认为该容器的 LivenessProbe 探针返回的结果永远是 success。

ReadinessProbe 探针：用于判断容器是否可用（Ready 状态），达到 Ready 状态的 Pod 才可以接收请求。对于被 Service 管理的 Pod，Service 与 Pod Endpoint 的关联关系也将基于 Pod 是否 Reday 进行设置。如果在运行过程中 Ready 变为 False，则系统自动将其从 Service 的后端 Endpoint 列表中隔离出去，然后再把恢复到 Ready 状态的 Pod 加入到 Endpoint 列表。这样可以保证客户端再次访问 Service 时不会被转发到不可用的 Pod 实例上。

LivenessProbe 和 ReadinessProbe 均可配置以下 3 种实现方式。

（1）ExecAction：在容器内执行一个命令，如果该命令返回值为 0，则表明容器健康，代码如下。

```
#initialDelaySeconds 启动容器后进行首次健康检查的时间
#timeoutSeconds 健康检查发送请求后等待响应的超时时间
#通过执行"cat/tmp/health"命令来判断一个容器运行是否正常。在该 Pod 运行后,将在创建/tmp/
  health 文件 10 秒后删除该文件,而 LivenessProbe 健康检查的初始探测时间(initialDelaySeconds)
  为 15 秒,探测结果是 Fail,将导致 kubelet 杀掉该容器并重启它
apiVersion: v1
kind: Pod
metadata:
  labels:
    test: liveness
  name: liveness-exec
spec:
  containers:
    - name: liveness
      image: nginx
      args:
        - /bin/sh
        - '-c'
        - echo ok > /temp/healthy; sleep 10; rm -rf /temp/healthy; sleep 600
```

代码如下。

```
kubectl edit svc/docker-registry #编辑名称为 docker-registry 的 service
KUBE_EDITOR="nano" kubectl edit svc/docker-registry #使用 alternative 编辑器
    livenessProbe:
      exec:
        command:
          - cat
          - /temp/healthy
      initialDelaySeconds: 15
      timeoutSeconds: 1
```

（2）TCPSocketAction：通过容器的 IP 地址和端口号执行 TCP 检查，如果能够建立 TCP 连接，则表明容器健康。

```
apiVersion: v1
kind: Pod
metadata:
  labels:
    test: liveness
  name: liveness-exec
spec:
  containers:
    - name: liveness
      image: nginx
      ports:
        - containerPort: 80
      livenessProbe:
        tcpSocket:
          port: 80
        initialDelaySeconds: 15
        timeoutSeconds: 1
```

### 2. Deployment 全自动调度

```
#会创建 3 个 Nginx 应用的 Pod
apiVersion: apps/v1
kind: Deployment
metadata:
  name: nginx-deployment
spec:
  replicas: 3
  selector:
    matchLabels:
      app: nginx-server
  template:
    metadata:
      labels:
        app: nginx-server
    spec:
      containers:
        - name: nginx-deployment
          image: nginx
          ports:
            - containerPort: 80
```

### 3. NodeSelector 定向调度

Kubernetes Master 上的 Scheduler 服务（kubernetes-scheduler 进程）负责实现 Pod 的调度，整个调度过程通过执行一系列复杂的算法，最终为每个 Pod 都计算出一个最佳的目标节点，这一过程是自动完成的，通常用户无法知道 Pod 最终会调度到哪个节点上。

如果需要将 Pod 调度到指定节点上，可以用户 Node 标签（Label）和 Pod 的 nodeSelector 属性相匹配，代码如下。

```
#1.通过 kubectl label 命令给目标 Node 打上标签
kubectl label nodes <node_name> <label_key>=<label_value>
#2.在 Pod 的定义中加上 nodeSelector 的设置
apiVersion: apps/v1
kind: Deployment
metadata:
  name: nginx-deployment
spec:
  replicas: 3
  template:
    spec:
      containers:
        - name: nginx
          image: nginx
          ports:
            - containerPort: 80
      nodeSelector:
        <label_key>: <label_value>
```

### 4. NodeAffinity 亲和性调度

NodeAffinity 意为 Node 亲和性的调度策略，适用于替换 NodeSelector 的全新调度策略。目前有以下两种节点亲和性表达。

RequiredDuringSchedulingIgnoredDuringExecution：必须满足指定规则才可以调度 Pod 到 Node 上，相当于硬限制。

PreferredDuringSchedulingIgnoredDuringExecution：强调优先满足指定规则，调度器会尝试调度 Pod 到 Node 上，但并不强求，相当于软限制。多个优先级规则还可以设置权重（weight）值，以定义执行的先后顺序。IgnoredDuringExecution 的意思是：如果一个 Pod 所在的节点在 Pod 运行期间标签发生了变更，不再符合该 Pod 的节点亲和性需求，则系统将忽略 Node 上 Label 的变化，该 Pod 能继续在该节点运行。

注意：如果同时定义了 nodeSelector 和 nodeAffinity，那么必须都得到满足；如果 nodeAffinity 指定了多个 nodeSelectorTerms，那么满足其中一个即可；如果 nodeSelectorTerms 中有多个 matchExpressions，则一个节点满足 matchExpressions 才能运行该 Pod，代码如下。

```
apiVersion: apps/v1
kind: Deployment
metadata:
  name: nginx-deployment
spec:
  replicas: 3
```

```
    selector:
      matchLabels:
        app: nginx-server
    template:
      metadata:
        labels:
          app: nginx-server
      spec:
        affinity:
          nodeAffinity:
            requiredDuringSchedulingIgnoredDuringExecution:
              nodeSelectorTerms:
                - matchExpressions:
#kubernetes 预定义义标签
                    - key: beta.kubernetes.io/arch
                      #也有 NotIn
                      operator: In
                      values:
                        - amd64
            preferredDuringSchedulingIgnoredDuringExecution:
              - weight: 1
                preference:
                  matchExpressions:
                    - key: disk-type
                      operator: In
                      values:
                        - ssd
        containers:
          - name: nginx-deployment
            image: nginx
            ports:
              - containerPort: 80
```

### 5. PodAffinity 亲和与互斥调度策略

PodAffinity 根据节点上正在运行的 Pod 的标签而不是节点的标签进行判断和调度，要求对节点和 Pod 两个条件进行匹配。例如，如果在具有标签 X 的 Node 上运行了一个或多个符合条件 Y 的 Pod，那么 Pod 应该运行在这个 Node 上；这里的 X 是指一个集群中的节点、机架、区域等概念，通过 Kubernetes 内置节点标签中的 key 来进行声明，这个 key 的名称为 topologyKey，意为表达节点所属的 topology 范围。

与节点不同的是，Pod 是属于某个命名空间的，所以条件 Y 表达的是一个或者多个命名空间中的一个 Label Selecotr。和节点亲和性相同，Pod 亲和与互斥的条件设置也是 requiredDuringSchedulingIgnoredDuring Execution 和 preferredDuringSchedulingIgnoredDuringExecution。

Pod 的亲和性被定义于 PodSpec 的 affinity 字段下的 podAffinity 子字段中，代码如下。

```
#1.创建一个名为pod-flag的Pod,带有标签security=S1和app=nginx,使用该Pod作为其他Pod
  亲和于互斥的目标Pod
apiVersion: v1
kind: Pod
metadata:
  name: pod-flag
  labels:
    security: S1
    app: nginx
spec:
  containers:
    - name: nginx
      image: nginx
#2.创建第二个Pod用于说明Pod的亲和性,亲和标签为security=S1,对应目标Pod,创建后与
  pod-flag在同一node
apiVersion: v1
kind: Pod
metadata:
  name: pod-affinity
spec:
  affinity:
    podAffinity:
      requiredDuringSchedulingIgnoredDuringExecution:
        - labelSelector:
            matchExpressions:
              - key: security
                operator: In
                values:
                  - S1
          topologyKey: kubernetes.io/hostname
  containers:
    - name: with-pod-affinity
      image: nginx#
#3.Pod的互斥性调度,该Pod不与目标Pod运行在同一节点
#要求该Pod与security=S1的Pod为同一个zone,但不与app=nginx的Pod为同一个node
apiVersion: v1
kind: Pod
metadata:
  name: anti-affinity
spec:
  affinity:
    podAffinity:
      requiredDuringSchedulingIgnoredDuringExecution:
        - labelSelector:
            matchExpressions:
              - key: security
```

```
              operator: In
              values:
                - S1
          topologyKey: failure-domain.beta.kubernetes.io/zone
    podAntiAffinity:
      requiredDuringSchedulingIgnoredDuringExecution:
        - labelSelector:
            matchExpressions:
              - key: app
                operator: In
                values:
                  - nginx
          topologyKey: kubernetes.io/hostname
  containers:
    - name: with-pod-affinity
      image: nginx
```

### 6. Taints 和 Tolerations

Taint 需要与 Toleration 配合使用，让 Pod 避开那些不适合的 Node。在 Node 上设置一个或多个 Taint 后，除非 Pod 明确声明能够容忍这些污点，否则无法在这些 Node 上运行。Toleration 是 Pod 的属性，让 Pod 能够运行在标注了 Taint 的 Node 上，代码如下。

```
#污点值：NoSchedule(一定不被调度) PreferNoSchedule(尽量不被调度) NoExecute(不被调度,
并且驱除已有 Pod)
#设置污点,key、value 随便写
kubectl taint node <node_name> <key>=<value>:污点值
#删除污点
kubectl taint node <node_name> <key>:NoSchedule-   #这里的 key 可以不用指定 value
kubectl taint node <node_name> <key>:NoExecute-
kubectl taint node <node_name> <key>-
kubectl taint node <node_name> <key>:NoSchedule-
```

这个设置为 node 添加了一个 Taint，该 Taint 的键为 key，值为 value，Taint 的效果是 NoSchedule。意味着除非 Pod 明确声明可以容忍该 Taint，否则不会被调度到该 node 上，代码如下。

```
#设置污点容忍,该 Pod 可以运行在污点为<key>的 node 上
apiVersion: v1
kind: Pod
metadata:
  name: taint-pod
spec:
  tolerations:
    - key: <key>
      operator: Equal
      value: value
```

```
        #operator: Exists 效果与以上相同
        effect: NoSchedule
    containers:
      - name: nginx
        image: nginx
```

Pod 的 Toleration 声明中的 key 和 effect 需要与 Taint 的设置保持一致，并且满足以下条件之一：operator 的值是 Exists（无须指定 value）；operator 的值是 Equal 且 value 相等。

如果不指定 operator，则默认为 Equal，另外，有以下两个特例：空的 key 配合 Exists 操作符能够匹配所有的键和值；空的 effect 匹配所有的 effect。effect 取值：NoSchedule：Pod 没有声明容忍该 taint，则调度器不会把该 Pod 调度到这一节点上。

（1）PreferNoSchedult：调度器会尝试不把该 Pod 调度到这个节点上（不强制）。NoExecute：如果该 Pod 已经在该节点运行，则会被驱逐；如果没有，则调度器不会把该 Pod 调度到这一节点（可以设置驱逐时间，eg:tolerationSeconds=5000，在 5 秒钟后被驱逐）。

（2）Pod Priority Preemption：Pod 优先级调度。

当发生资源不足的情况时，系统可以选择释放一些不重要的负载（优先级最低的），保障最重要的负载能够有足够的资源稳定运行，代码如下。

```
#1.定义一个名为high-priority的优先级类别,优先级为1000000,数字越大,优先级越大,超过1亿
  的数字被系统保留,用于指派给系统组件
apiVersion: scheduling.k8s.io/v1
kind: PriorityClass
metadata:
  name: high-priority
value: 1000000
globalDefault: false
description: This priority class should be used for XYZ service pods only
#2.在Pod上引用上述Pod优先级类别,priorityClassName: high-priority
apiVersion: v1
kind: Pod
metadata:
  name: nginx
spec:
  containers:
    - name: nginx
      image: nginx
      imagePullPolicy: IfNotPresent
  priorityClassName: high-priority
```

### 7.3.7 Init Container

#### 1. 简介

一个 Pod 里可以运行多个容器，也可以运行一个或者多个初始容器，初始容器先于应用容器运行。除了以下两点，初始容器和普通容器没有什么两样，它们总是 run to completion。一个初始容器必须成功运行另一个才能运行。

如果 Pod 中的一个初始容器运行失败，则 kubernetes 会尝试重启 Pod，直到初始容器成功运行，如果 Pod 的重启策略设置为从不（never），则不会重启。

创建容器时，在 podspec 里添加 initContainers 字段，则指定容器即为初始容器，它们的返回状态作为数组保存在.status.initContainerStatuses 中（与普通容器状态存储字段.status.containerStatuses 类似）。

#### 2. 初始容器和普通容器的不同

初始容器支持所有普通容器的特征，包括资源配额限制和存储卷及安全设置。但是对资源申请和限制处理初始容器略有不同，后面会加以介绍。此外，初始容器不支持可用性探针（readiness probe），因为它在 ready 之前必须 run to completion。

如果在一个 Pod 里指定了多个初始容器，则它们会依次启动起来（Pod 内的普通容器并行启动），并且只有上一个成功下一个才能启动。当所有的初始容器都启动了，kubernetes 才开始启动普通应用容器（nweimao/article/details/106846753）。

### 7.3.8 Pod 的升级和回滚

#### 1. Deployment 的升级

在 Deployment 的定义中，可以通过 spec.strategy 指定 Pod 更新的策略，目前支持两种策略：Recreate（重建）和 RollingUpdate（滚动更新），默认值为 RollingUpdate。

#### 2. Deployment 的回滚

有时（如新的 Deployment 不稳定时）用户可能需要将 Deployment 回滚到旧版本。默认情况下，所有 Deployment 的发布历史记录都被保留在系统中，以便于用户随时进行回滚（可以配置历史记录数量）。

### 7.3.9 Pod 的扩容和缩容

Kubernetes 对 Pod 的扩容和缩容操作提供了手动和自动两种模式，手动模式通过执行 kubectl scale 命令对一个 Deployment/RC 进行 Pod 副本数量的设置，即可一键完成。自动模式则需要用户根据某个性能指标或者自定义业务指标，并指定 Pod 副本数量的范围，系统将自动在这个范围内根据性能指标的变化进行调整。

从 Kubernetes v1.1 版本开始，新增了一个名为 Horizontal Pod Autoscaler（HPA）的控

制器，用于实现基于 CPU 使用率进行自动 Pod 扩容和缩容的功能。

HPA 控制器基于 Master 的 kube-controller-manager 服务启动参数--horizontal-pod-autoscaler-sync-period 定义的时长（默认为 30 秒），周期性地检测目标 Pod 的 CPU 使用率，并在满足条件时对 Deployment/RC 或 Deployment 中的 Pod 副本数量进行调整，以符合用户定义的平均 Pod CPU 使用率。

## 7.4 深入理解 Service

### 7.4.1 Service 介绍

Service 是一种将运行在一组 Pod 上的应用程序公开为网络服务的抽象方法。使用 Kubernetes，不需要修改应用程序来使用不熟悉的服务发现机制。Kubernetes 为 Pods 提供它们自己的 IP 地址和单个 DNS 名称，并且可以在它们之间实现负载均衡。

每个 Pod 都有自己的 IP 地址，但是在部署中，某个时刻运行的 Pod 集可能与稍后运行该应用程序的 Pod 集稍微有些不同。

在 Kubernetes 中，服务是一种抽象，它定义了一组逻辑 Pods 和访问它们的策略（有时这种模式被称为微服务）。服务最终部署到哪个 Pods 通常由选择器决定。

如果在应用程序中使用 Kubernetes API 进行服务发现，则可以查询 API 服务器的端点，并且在服务更新时这些端点也会得到更新。

### 7.4.2 Service 基本用法

1. 创建 Service

步骤 1：通过命令创建 svc：kubectl expose deployment <deployment_name>，通过配置文件创建 svc，代码如下。

```
#
apiVersion: v1
kind: Service
metadata:
  name: <deployment_name>
spec:
  ports:
    - port: 81
      targetPort: 80
  selector:
    app: <deployment_name>
```

步骤 2：为 MyApp 生成 Service，代码如下。

```
apiVersion: v1
 kind: Service
 metadata:
   name: my-service
 spec:
   selector:
     app: MyApp
   ports:
     - protocol: TCP
       port: 80
       targetPort: 9376
```

**2. EndPoint**

EndPoint 是 Kubernetes 集群中的一个资源对象，存储在 etcd 中，用来记录一个 Service 对应的所有 Pod 的访问地址。

### 7.4.3　Headless Service

Headless Services 是一种特殊的 Service，其 spec:clusterIP 表示为 None，这样在实际运行时就不会被分配 ClusterIP，也被称为无头服务。

**1. Headless Service 和普通 Service 的区别**

（1）Headless 不分配 clusterIP。

（2）Headless Service 可以通过解析 Service 的 DNS，返回所有 Pod 的地址和 DNS（只有 statefulSet 部署的 Pod 才有 DNS）。

（3）普通的 Service 只能通过解析 Service 的 DNS 返回 Service 的 ClusterIP。

**2. statefulSet 和 Deployment 控制器的区别**

（1）statefulSet 下的 Pod 有 DNS 地址，通过解析 Pod 的 DNS 可以返回 Pod 的 IP。

（2）deployment 下的 Pod 没有 DNS。

### 7.4.4　集群外部访问 Pod 或 Service

从集群外部访问 Pod 或 Service，将容器应用的端口号映射到物理机，通过设置容器级别的 hostPost，将容器应用的端口号映射到物理机上，代码如下。

```
apiVersion: v1
 kind: Pod
 metadata:
   name: webapp
   labels:
     app: webapp
 spec:
   containers:
```

```
    - name: webapp
      image: tomcat
      ports:
        - containerPort: 8080
          hostPort: 8081
```

通过设置 Pod 级别的 hostNetwork=true，该 Pod 中所有容器的端口号都将被直接映射到物理机上。在设置 hostNetwork=true 时需要注意，在容器的 ports 定义部分如果不指定 hostPort，则默认 hostPort 等于 containerPort；如果指定了 hostPort，则 hostPort 必须等于 containerPort，代码如下。

```
apiVersion: v1
kind: Pod
metadata:
  name: webapp
  labels:
    app: webapp
spec:
  hostNetwork: true
  containers:
    - name: webapp
      image: tomcat
      ports:
        - containerPort: 8080
```

配置好以后，可通过 curl 192.168.113.129:8081 命令访问，将 Service 的端口号映射到物理机，通过设置 nodePort 映射到物理机，同时设置 Service 的类型为 NodePor，代码如下。

```
apiVersion: v1
kind: Service
metadata:
  name: app
spec:
  type: NodePort
  ports:
    - port: 8080
      targetPort: 8080
      nodePort: 30010
  selector:
    app: webapp
```

通过设置 LoadBalancer 映射到云服务商提供的 LoadBalancer 地址。这种用法仅用于在公有云服务提供商的云平台上设置 Service 场景。

在下面的实例中，status.loadBalancer.ingress.ip 设置的 146.148.47.155 为云服务商提供

负载均衡的 IP 地址。对该 Service 的访问请求将会通过 LoadBalancer 转发到后端 Pod 上，负载分发的实现方式则依赖于云服务商提供的 LoadBalancer 实现机制，代码如下。

```
apiVersion: v1
kind: Service
metadata:
  name: my-service
spec:
  ports:
    - port: 80
      targetPort: 9376
      nodePort: 30010
      protocol: TCP
  clusterIP: 10.0.171.239
  loadBalancer: 78.11.24.19
  type: loadBalancer
  selector:
    app: webapp
status:
  loadBalancer:
    ingress:
      - ip: 146.148.47.155
```

### 7.4.5 DNS 服务搭建指南

作为服务发现机制的基本功能，在集群内需要能够通过服务名对服务进行访问，这就需要一个集群范围内的 DNS 服务来完成从服务名到 ClusterIP 的解析。DNS 服务在 Kubernetes 的发展过程中经历了 3 个阶段。在 Kubernete1.2 版本中，DNS 服务是由 SkyDNS 提供的，它由 4 个容器组成：kube2sky、skydns、etcd 和 healthz。kube2sky 容器监控 Kubernetes 中 Service 资源的变化，根据 Service 的名称和 IP 地址信息生成 DNS 记录，并将其保存到 etcd 中；skydns 容器从 etcd 中读取 DNS 记录，并为客户端容器应用提供 DNS 查询服务；healthz 容器提供对 skydns 服务的健康检查功能。

从 Kubernetes1.4 版本开始，SkyDNS 组件便被 KubeDNS 替换，主要考虑是 SkyDNS 组件之间的通信较多，整体性能不高。KubeDNS 由 3 个容器组成：kubedns、dnsmasq 和 sidecar，去掉了 SkyDNS 中的 etcd 存储，将 DNS 直接保存在内存中，以提高查询性能。kubedns 容器监控 Kubernetes 中 Service 资源的变化，根据 Serivce 的名称和 IP 地址生成 DNS 记录，并将 DNS 记录保存在内存中；dnsmasq 容器从 kubedns 中获取 DNS 记录，提供 DNS 缓存，为客户端容器应用提供 DNS 查询服务；sidecar 提供对 kubedns 和 dnsmasq 服务的健康检查功能。

从 Kubernetes 1.11 版本开始，Kubernetes 集群的 DNS 服务由 CoreDNS 提供。CoreDNS 是 CNCF 基金会的一个项目，是用 Go 语言实现的高性能、插件式、易扩展的 DNS 服务端。CoreDNS 支持自定义 DNS 记录及配置 upstream DNS Server，可以统一管理 Kubernetes 基于服务的内部 DNS 和数据中心的物理 DNS。CoreDNS 没有使用多个容器的架构，只用一个容器便实现了 KubeDNS 内 3 个容器的全部功能。

## 7.4.6 自定义 DNS 与上游 DNS 服务器

### 1. 服务发现

Kubernetes 支持两种主要模式：服务环境变量和 DNS。

当在节点上运行 Pod 时，kubelet 为每个激活的服务添加一组环境变量。它既支持 Docker links compatible 的变量，也支持更简单的 {SVCNAME}_SERVICE_HOST 和 {SVCNAME}_SERVICE_PORT 变量，其中服务名采用大写形式，破折号转换为下画线。

例如，有一个服务的名称为 "redis-master"，IP 和端口分别为 10.0.0.11 和 6379，那么将会生成以下环境变量，代码如下。

```
REDIS_MASTER_SERVICE_HOST=10.0.0.11
REDIS_MASTER_SERVICE_PORT=6379
REDIS_MASTER_PORT=tcp://10.0.0.11:6379
REDIS_MASTER_PORT_6379_TCP=tcp://10.0.0.11:6379
REDIS_MASTER_PORT_6379_TCP_PROTO=tcp
REDIS_MASTER_PORT_6379_TCP_PORT=6379
REDIS_MASTER_PORT_6379_TCP_ADDR=10.0.0.11
```

### 2. 发布服务

Kubernetes ServiceTypes 允许用户指定想要的服务类型，默认为 ClusterIP。

1）ClusterIP

在集群内部 IP 上公开服务。选择此值将使服务只能从集群内访问。这是默认的 ServiceType。

2）NodePort

在静态端口上公开每个节点的 IP 上的服务。可以通过请求 <NodeIP>:<NodePort> 来访问服务。

3）LoadBalancer

使用云提供商的负载均衡器在外部公开服务。

4）ExternalName

将服务映射到 externalName 字段的内容（如 foo.bar.example.com）。

## 7.4.7 Ingress：HTTP 7 层路由机制

根据前面对 Service 的使用说明，可以知道 Service 的表现形式为 IP:Port，即工作在

TCP/IP 层。而对于基于 HTTP 的服务来说，不同的 URL 地址经常对应不同的后端服务或者虚拟服务器（Virtual Host），这些应用层的转发机制仅通过 Kubernetes 的 Service 机制是无法实现的。从 Kubernetes 1.1 版本开始新增 Ingress 资源对象，用于将不同 URL 的访问请求转发到后端不同的 Service，以实现 HTTP 层的业务路由机制。Kubernetes 使用了一个 Ingress 策略定义和一个具体的 Ingress Controller，两者结合并实现了一个完整的 Ingress 负载均衡器。

# 第 8 章

# Kubernetes 核心原理

 本章学习目标

- Kubernetes API Server 原理分析。
- Scheduler 原理和 Kubelet 运行机制分析。
- 集群安全机制。
- 分布式网络原理。
- 存储原理。

本章首先向读者介绍 Kubernetes API Server 原理分析，然后介绍 Scheduler 原理和 Kubelet 运行机制分析，最后介绍集群安全机制、分布式网络原理和存储原理等内容。

## 8.1 Kubernetes API Server 原理分析

### 8.1.1 Kubernetes API Server 介绍

总体来看，Kubernetes API Server 的核心功能是提供 Kubernetes 各类资源对象（如 Pod、RC、Service 等）的增、删、改、查及 Watch 等 HTTP Rest 接口，成为集群内各个功能模块之间数据交互和通信的中心枢纽，是整个系统的数据总线和数据中心。此外，它还有以下几个功能特性。

（1）是集群管理的 API 入口。
（2）是资源配额控制的入口。
（3）提供了完备的集群安全机制。

Kubernetes API Server 通过一个名为 kube-apiserver 的进程提供服务，该进程运行在 Master 上。默认情况下，kube-apiserver 进程在本机的 8080 端口（对应参数--insecure-port）提供 REST 服务。用户可以同时启动 HTTPS 安全端口（--secure-port=6443）来启动安全机制，加强 REST API 访问的安全性。

通常可以通过命令行工具 kubectl 与 Kubernetes API Server 交互，它们之间的接口是 RESTful API，也可以使用 curl 命令行工具。

## 8.1.2　独特的 Kubernetes Proxy API 接口

kube-apiserver 作为整个 Kubernetes 集群操作 etcd 的唯一入口，负责 Kubernetes 各资源的认证与鉴权、校验及 CRUD 等操作，提供 RESTful API，供其他组件调用。

API Server 的架构从上到下可以分为以下几层。

1）API 层

主要以 REST 方式提供各种 API 接口，除了有 Kubernetes 资源对象的 CRUD 和 Watch 等主要 API，还有健康检查、UI、日志、性能指标等与运维监控相关的 API。Kubernetes 从 1.11 版本开始废弃 Heapster 监控组件，转而使用 Metrics Server 提供的 Metrics API 接口，进一步完善了自身的监控能力。

2）访问控制层

当客户端访问 API 接口时，访问控制层负责对用户身份鉴权，验明用户身份，核准用户对 Kubernetes 资源对象的访问权限，然后根据配置的各种资源访问许可逻辑（Admission Control），判断是否允许访问。

3）注册表层

Kubernetes 把所有资源对象都保存在注册表（Registry）中，针对注册表中的各种资源对象都定义了资源对象的类型、如何创建资源对象、如何转换资源的不同版本，以及如何将资源编码和解码为 JSON 或 ProtoBuf 格式进行存储。

4）etcd 数据库

用于持久化存储 Kubernetes 资源对象的 KV 数据库。etcd 的 Watch API 接口对于 API Server 来说至关重要，因为通过这个接口，API Server 创新性地设计了 List-Watch 这种高性能的资源对象实时同步机制，使 Kubernetes 可以管理超大规模的集群，及时响应和快速处理集群中的各种事件。

## 8.1.3　集群功能模块之间的通信

整个 Kubernetes 技术体系由声明式 API 及 Controller 构成，而 kube-apiserver 是 Kubernetes 的声明式 API Server，并为其他组件交互提供了桥梁，如图 8-1 所示。

Kubernetes API Server 作为集群的核心，负责集群各功能模块之间的通信。集群内的各个功能模块通过 API Server 将信息存入 etcd，当需要获取和操作这些数据时，则通过 API Server 提供的 REST 接口（GET、LIST 或 WATCH 方法）来实现，从而实现各模块之间的信息交互。

常见的一个交互场景是 kubelet 进程与 API Server 的交互。每个 Node 上的 kubelet 每隔一个时间周期，就会调用一次 API Server 的 REST 接口报告自身状态，API Server 在接收到这些信息后，会将节点状态信息更新到 etcd 中。此外，kubelet 也通过 API Server 的 Watch 接口监听 Pod 信息，如果监听到新的 Pod 副本被调度绑定到本节点，则执行 Pod 对应的容器创建和启动逻辑；如果监听到 Pod 对象被删除，则删除本节点上相应的 Pod 容器；如果监听到修改 Pod 的信息，kubelet 就会相应地修改本节点的 Pod 容器。

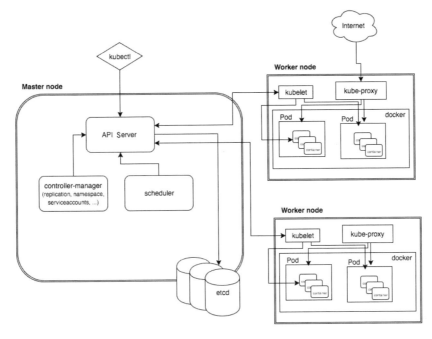

图 8-1  集群功能模块之间的通信

另一个交互场景是 kube-controller-manager 进程与 API Server 的交互。kube-controller-manager 中的 Node Controller 模块通过 API Server 提供的 Watch 接口实时监控 Node 的信息，并做相应处理。

还有一个比较重要的交互场景是 kube-scheduler 与 API Server 的交互。Scheduler 通过 API Server 的 Watch 接口监听到新建 Pod 副本的信息后，会检索所有符合该 Pod 要求的 Node 列表，开始执行 Pod 调度逻辑，调度成功后将 Pod 绑定到目标节点上。

为了缓解集群各模块对 API Server 的访问压力，各功能模块都采用缓存机制来缓存数据。各功能模块定时从 API Server 获取指定的资源对象信息（通过 List-Watch 方法），然后将这些信息保存到本地缓存中，功能模块在某些情况下不直接访问 API Server，而是通过访问缓存数据来间接访问 API Server。

## 8.1.4  Controller Manager 原理分析

Controller Manager 通过 API Server 提供的（List-Watch）接口实时监控集群中特定资源的状态变化，当发生各种故障导致某资源对象的状态发生变化时，Controller 会尝试将其状态调整为期望的状态。

Controller Manager 的内部包含 Replication Controller、Node Controller、ResourceQuota

Controller、Namespace Controller、Service Account Controller、Token Controller、Service Controller 及 Endpoint Controller 共 8 种 Controller，每种 Controller 都负责一种特定资源的控制流程，Controller Manager 是这些 Controller 的核心管理者。

### 1. Replication Controller

Replication Controller 的核心作用是确保任何时候集群中某个与 RC 关联的 Pod 副本数量都保持预设值。

（1）确保在当前集群中有且仅有 N 个 Pod 实例，N 是在 RC 中定义的 Pod 副本数量。

（2）通过调整 RC 的 spec.replicas 属性值来实现系统扩容或者缩容。

（3）通过改变 RC 中的 Pod 模板（主要是镜像版本）来实现系统的滚动升级。

Replication Controller 的典型使用场景如下。

（1）重新调度（Rescheduling）。

如前面所述，不管是想运行 1 个副本还是 1000 个副本，副本控制器都能确保指定数量的副本存在于集群中，即使发生节点故障或 Pod 副本被终止运行等意外状况。

（2）弹性伸缩（Scaling）。

手动或者通过自动扩容代理修改副本控制器的 spec.replicas 属性值，非常容易实现增加或减少副本的数量。

（3）滚动更新（Rolling Updates）。

副本控制器被设计成通过逐个替换 Pod 的方式来辅助服务的滚动更新。

### 2. Node Controller

kubelet 进程在启动时通过 API Server 注册自身的节点信息，并定时向 API Server 汇报状态信息，API Server 在接收到这些信息后，会将它们更新到 etcd 中。

节点健康状况包含"就绪"（True）、"未就绪"（False）和"未知"（Unknown）3 种。

Node Controller 通过 API Server 实时获取 Node 的相关信息，实现管理和监控集群中的各个 Node 的相关控制功能，Node Controller 的核心工作流程如图 8-2 所示。

（1）Controller Manager 启动阶段。

如果设置了--cluster-cidr 参数，那么为每个没有设置 Spec.PodCIDR 的 Node 都生成一个 CIDR 地址，并用该 CIDR 地址设置节点的 Spec.PodCIDR 属性，这样做的目的是防止不同节点的 CIDR 地址发生冲突。

（2）逐个读取 Node 信息。

多次尝试修改 nodeStatusMap 中的节点状态信息，将该节点信息和 Node Controller 的 nodeStatusMap 中保存的节点信息进行比较。如果判断出没有收到 kubelet 发送的节点信息、第 1 次收到节点 kubelet 发送的节点信息，或在该处理过程中节点状态变成非"健康"状态，则在 nodeStatusMap 中保存该节点的状态信息，并用 Node Controller 所在节点的系统时间作为探测时间和节点状态变化时间。

如果判断出在指定时间内收到新的节点信息，且节点状态发生变化，则在 nodeStatusMap 中保存该节点的状态信息，并用 Node Controller 所在节点的系统时间作为探测时间和节点状态变化时间。如果判断出在指定时间内收到新的节点信息，但节点状态没发生变化，则在 nodeStatusMap 中保存该节点的状态信息，并用 Node Controller 所在节点的系统时间作为探测时间，将上次节点信息中的节点状态变化时间作为该节点的状态变化时间。

如果判断出在某段时间（gracePeriod）内没有收到节点状态信息，则设置节点状态为"未知"，并且通过 API Server 保存节点状态。

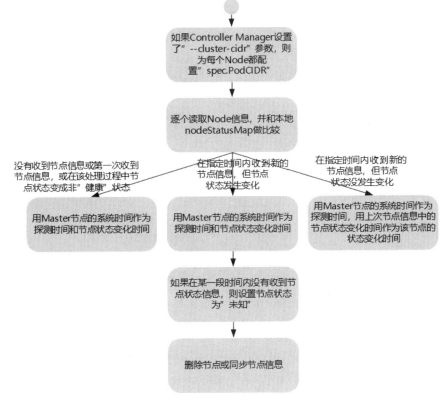

图 8-2　Node Controller 的核心工作流程

（3）逐个读取节点信息。

如果节点状态变为非"就绪"状态，则将节点加入待删除队列，否则将节点从该队列中删除。如果节点状态为非"就绪"状态，且系统指定了 Cloud Provider，则 Node Controller 调用 Cloud Provider 查看节点，若发现节点故障，则删除 etcd 中的节点信息，并删除和该节点相关的 Pod 等资源的信息。

### 3. ResourceQuota Controller

作为完备的企业级的容器集群管理平台，Kubernetes 也提供了 ResourceQuota Controller（资源配额管理）这一高级功能，资源配额管理能够确保指定的资源对象在任何时候都不会超量占用系统物理资源，避免了由于某些业务进程的设计或实现的缺陷导致整个系统运行紊乱甚至意外宕机，对整个集群的平稳运行和稳定性具有非常重要的作用。

ResourceQuota Controller 的工作流程如图 8-3 所示。

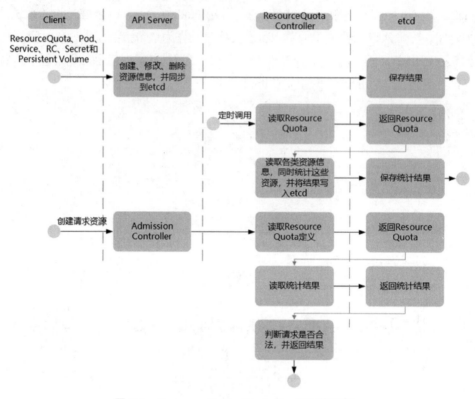

图 8-3　ResourceQuota Controller 的工作流程

目前 Kubernetes 支持以下 3 个层次的资源配额管理。

（1）容器级别，可以对 CPU 和 Memory 进行限制。

（2）Pod 级别，可以对一个 Pod 内所有容器的可用资源进行限制。

（3）Namespace 级别，为 Namespace（多租户）级别的资源限制。

### 4. Namespace Controller

用户通过 API Server 可以创建新的 Namespace 并将其保存在 etcd 中，Namespace Controller 定时通过 API Server 读取这些 Namespace 的信息。如果 Namespace 被 API 标识为优雅删除（通过设置删除期限实现，即设置 DeletionTimestamp 属性），则将该 Namespace 的状态设置成 Terminating 并保存到 etcd 中。同时 Namespace Controller 删除该 Namespace 下的 Service Account、RC、Pod、Secret、PersistentVolume、ListRange、ResourceQuota 和 Event 等资源对象。

### 5. Service Controller

Service Controller 其实是属于 Kubernetes 集群与外部的云平台之间的一个接口控制

器。Service Controller 监听 Service 的变化，如果该 Service 是一个 LoadBalancer 类型的 Service（externalLoadBalancers=true），则 Service Controller 确保在外部的云平台上该 Service 对应的 LoadBalancer 实例被相应地创建、删除及更新路由转发表（根据 Endpoints 的条目）。

### 6. Endpoints Controller

Endpoints 表示一个 Service 对应的所有 Pod 副本的访问地址，Endpoints Controller 就是负责生成和维护所有 Endpoints 对象的控制器。

Endpoints Controller 负责监听 Service 和对应的 Pod 副本的变化，如果监测到 Service 被删除，则删除和该 Service 同名的 Endpoints 对象。如果监测到新的 Service 被创建或者修改，则根据该 Service 信息获得相关的 Pod 列表，然后创建或者更新 Service 对应的 Endpoints 对象。

## 8.2 Scheduler 原理和 Kubelet 运行机制分析

### 8.2.1 Scheduler 原理分析

Kubernetes Scheduler 在整个系统中起到"承上启下"的重要作用，"承上"是指它负责接收 Controller Manager 创建的新 Pod，为其安排一个落脚的"家"——目标 Node；"启下"是指安置工作完成后，目标 Node 上的 kubelet 服务进程接管后继工作，负责 Pod 生命周期中的"下半生"。

#### 1. Scheduler 的作用

（1）监听 API Server，获取还没有绑定（bind）到 Node 上的 Pod。

（2）根据预选、优先、抢占策略，将 Pod 调度到合适的 Node 上。

（3）调用 API Server，将调度信息写入到 etcd。

#### 2. Scheduler 的原则

（1）公平。确保每个 Pod 都要被调度，即使因为资源不够而无法调用。

（2）资源合理分配。根据多种策略选择合适的 Node，并且使资源利用率尽量高。

（3）可自定义。内部支持多种调度策略，用户可以选择亲和性、优先级、污点等控制调度结果，另外也支持自定义 Scheduler 的方式进行扩展。

Scheduler 的流程概览如图 8-4 所示。

Kubernetes Scheduler 当前提供的默认调度流程分为以下两步。

（1）预选调度过程。即遍历所有目标 Node，筛选出符合要求的候选节点。为此，Kubernetes 内置了多种预选策略（xxx Predicates）供用户选择。

（2）确定最优节点。在第一步的基础上，采用优选策略（xxx Priority）计算出每个候选节点的积分，积分最高者胜出。

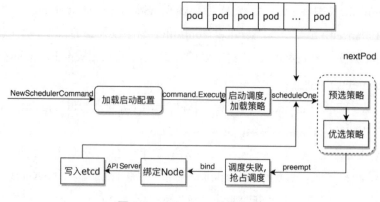

图 8-4　Scheduler 流程概览

## 8.2.2　节点管理

在 Kubernetes 集群中，在每个 Node 上都会启动一个 kubelet 服务的进程。该进程用于处理 Master 下发到本节点的任务，管理 Pod 及 Pod 中的容器。每个 kubelet 进程都会在 API Server 上注册节点自身的信息，定期向 Master 汇报节点资源的使用情况，并通过 cAdvisor 监控容器和节点资源。

节点通过设置 kubelet 的启动参数 "--register-node"，来决定是否向 API Server 注册自己。如果该参数的值为 true，那么 kubelet 将尝试通过 API Server 注册自己。

## 8.2.3　Pod 管理

kubelet 通过以下几种方式获取自身 Node 上所要运行的 Pod 清单。

（1）文件。kubelet 启动参数 "--config" 指定的配置文件目录下的文件（默认目录为 "/etc/kubernetes/ manifests/"）。通过--file-check- frequency 设置检查该文件目录的时间间隔，默认为 20 秒。

（2）HTTP 端点（URL）。通过 "--manifest-url" 参数设置。通过--http-check-frequency 设置检查该 HTTP 端点数据的时间间隔，默认为 20 秒。

（3）API Server。kubelet 通过 API Server 监听 etcd 目录，同步 Pod 列表。

所有以非 API Server 方式创建的 Pod 都称为 Static Pod。kubelet 将 Static Pod 的状态汇报给 API Server，API Server 为该 Static Pod 创建一个 Mirror Pod 与其相匹配。Mirror Pod 的状态将真实反映 Static Pod 的状态。当 Static Pod 被删除时，与之相对应的 Mirror Pod 也会被删除。

## 8.2.4　容器健康检查

Pod 通过以下两类探针来检查容器的健康状态。

（1）一类是 LivenessProbe 探针。用于判断容器是否健康并反馈给 kubelet。如果

LivenessProbe 探针探测到容器不健康，则 kubelet 将删除该容器，并根据容器的重启策略进行相应的处理。如果一个容器不包含 LivenessProbe 探针，那么 kubelet 认为该容器的 LivenessProbe 探针返回的值永远是 Success。

（2）另一类是 ReadinessProbe 探针。用于判断容器是否启动完成，且准备接收请求。如果 ReadinessProbe 探针检测到容器启动失败，则 Pod 的状态将被修改，Endpoint Controller 将从 Service 的 Endpoint 中删除包含该容器所在 Pod 的 IP 地址的 Endpoint 条目。

### 8.2.5　Cadvisor 资源监控

Cadvisor 的特点如下。

（1）Cadvisor 是一个开源的分析容器资源使用率和性能特性的代理工具，它是因容器而生的，因此自然支持 Docker 容器。

（2）在 Kubernetes 项目中，Cadvisor 被集成到 Kubernetes 代码中，kubelet 则通过 Cadvisor 获取其所在节点及容器的数据。

（3）Cadvisor 自动查找所有在其所在 Node 上的容器，自动采集 CPU、内存、文件系统和网络使用的统计信息。

（4）在大部分 Kubernetes 集群中，Cadvisor 通过它所在 Node 的 4194 端口暴露一个简单的 UI。

## 8.3　集群安全机制

### 8.3.1　API Server 认证管理

Kubernetes 集群中所有资源的访问和变更都是通过 Kubernetes API Server 的 REST API 来实现的，所以集群安全的关键就在于如何识别并认证客户端身份（Authentication），以及随后访问权限的授权（Authorization）这两个问题。

**1. Kubernetes 集群提供了 3 种级别的客户端身份认证方式**

（1）最严格的 HTTPS 证书认证：基于 CA 根证书签名的双向数字证书认证方式。

（2）HTTP Token 认证：通过一个 Token 来识别合法用户。

（3）HTTP Base 认证：通过用户名+密码的方式认证。

HTTPS 证书认证的原理为：CA 作为可信第三方的重要条件之一就是 CA 的行为具有非否认性。作为第三方而不是简单的上级，就必须能让信任者有追究自己责任的能力。CA 通过证书证实他人的公钥信息，证书上有 CA 的签名。用户如果因为信任证书而有了损失，则证书可以作为有效的证据用于追究 CA 的法律责任。

CA 认证大概包含以下几个步骤。

（1）HTTPS 通信双方的服务器端向 CA 机构申请证书，CA 机构是可信的第三方机构，它可以是一个公认的权威企业，也可以是企业自身。企业内部系统一般都用企业自身的认证系统。CA 机构下发根证书、服务器端证书及私钥给申请者。

（2）HTTPS 通信双方的客户端向 CA 机构申请证书，CA 机构下发根证书、客户端证书及私钥给申请者。

（3）客户端向服务器端发起请求，服务器端下发服务器端证书给客户端。客户端接收到证书后，通过私钥解密证书，并利用服务器端证书中的公钥认证证书信息比较证书里的消息。例如，判断域名和公钥与服务器刚刚发送的相关消息是否一致，如果一致，则客户端认可这个服务器的合法身份。

（4）客户端发送客户端证书给服务器端，服务器端接收到证书后，通过私钥解密证书，获得客户端证书公钥，并用该公钥认证证书信息，确认客户端是否合法。

（5）客户端通过随机密钥加密信息，并发送加密后的信息给服务器端。在服务器端和客户端协商好加密方案后，客户端会产生一个随机的密钥，客户端通过协商好的加密方案加密该随机密钥，并发送该随机密钥到服务器端。服务器端接收这个密钥后，双方通信的所有内容都通过该随机密钥加密。

#### 2. HTTP Token 的认证

HTTP 是无状态的，浏览器和 Web 服务器之间可以通过 Cookie 来进行身份识别。桌面应用程序（如新浪桌面客户端、SkyDrive 客户端、命令行程序等）一般不会使用 Cookie，那么，它们与 Web 服务器之间是如何进行身份识别的呢？

这就用到了 HTTP Base 认证，这种认证方式是把"用户名+冒号+密码"用 BASE64 算法进行编码后的字符串，放在 HTTP Request 中的 Header Authorization 域里发送给服务器端，服务器端在收到后进行解码，获取用户名及密码，然后进行用户身份鉴权。

### 8.3.2 API Server 授权管理

当客户端发起 API Server 调用时，API Server 内部要先进行用户认证，然后执行用户授权流程，即通过授权策略来决定一个 API 调用是否合法。对合法用户进行授权并且随后在用户访问时进行鉴权，是权限与安全系统的重要一环。简单地说，授权就是授予不同的用户不同的访问权限。

API Server 目前支持以下几种授权策略（通过 API Server 的启动参数"--authorization-mode"设置）。

（1）AlwaysDeny：表示拒绝所有请求，一般用于测试。

（2）AlwaysAllow：允许接收所有请求，如果集群不需要授权流程，则可以采用该策略，这也是 Kubernetes 的默认配置。

（3）ABAC（Attribute-based Access Control，基于属性的访问控制）：使用用户配置的

授权规则对用户请求进行匹配和控制。

（4）Webhook：通过调用外部 REST 服务对用户进行授权。

（5）RBAC（Role-Based Access Control）：基于角色的访问控制，是实施面向企业安全策略的一种有效的访问控制方式。

（6）Node：一种专用模式，用于对 kubelet 发出的请求进行访问控制。

RBAC 是 k8s 提供的一种授权策略，也是新版集群默认启用的方式。RBAC 将角色和角色绑定分开，角色是指一组定义好的操作集群资源的权限，而角色绑定是将角色和用户、组或者服务账号实体绑定，从而赋予这些实体权限。

RBAC 这种授权方式十分灵活，要赋予某个实体权限，只需要绑定相应的角色即可。针对 RBAC 机制，k8s 提供了 4 种 API 资源：Role、ClusterRole、RoleBinding 和 ClusterRoleBinding。

（1）Role：只能用于授予对某一单一命名空间中资源的访问权限，因此在定义时必须指定 namespace。

```
kind: Role
apiVersion: rbac.authorization.k8s.io/v1beta1
metadata:
  namespace: default
  name: pod-reader
rules:
- apiGroups: [""] #空字符串""表明使用 core API group
  resources: ["pods"]
  verbs: ["get", "watch", "list"]c
```

（2）ClusterRole：针对集群范围的角色，能访问整个集群的资源。

下面示例中的 ClusterRole 定义可用于授予用户对某一特定命名空间，或者所有命名空间中的 secret（取决于其绑定方式）的读访问权限。

```
kind: ClusterRole
apiVersion: rbac.authorization.k8s.io/v1beta1
metadata:
  #鉴于 ClusterRole 是集群范围对象,所以这里不需要定义"namespace"字段
  name: secret-reader
rules:
- apiGroups: [""]
  resources: ["secrets"]
  verbs: ["get", "watch", "list"]
```

（3）RoleBinding：将 Role 和用户实体绑定，从而赋予用户实体命名空间内的权限，同时也支持 ClusterRole 和用户实体的绑定。

下面示例中定义的 RoleBinding 对象在 default 命名空间中将 pod-reader 角色授予用户 jane。这一授权将允许用户 jane 从 default 命名空间中读取 pod。

```
#以下角色绑定定义将允许用户"jane"从"default"命名空间中读取 pod
```

```
kind: RoleBinding
apiVersion: rbac.authorization.k8s.io/v1beta1
metadata:
  name: read-pods
  namespace: default
subjects:
- kind: User
  name: jane
  apiGroup: rbac.authorization.k8s.io
roleRef:
  kind: Role
  name: pod-reader
  apiGroup: rbac.authorization.k8s.io
```

（4）ClusterRoleBinding：将 ClusterRole 和用户实体绑定，从而赋予用户实体集群范围的权限。

下面示例中所定义的 ClusterRoleBinding 允许在用户组 manager 中的任何用户都可以读取集群中任何命名空间中的 secret。

```
#以下"ClusterRoleBinding"对象允许在用户组"manager"中的任何用户都可以读取集群中任何命名空间中的 secret
kind: ClusterRoleBinding
apiVersion: rbac.authorization.k8s.io/v1beta1
metadata:
  name: read-secrets-global
subjects:
- kind: Group
  name: manager
  apiGroup: rbac.authorization.k8s.io
roleRef:
  kind: ClusterRole
  name: secret-reader
  apiGroup: rbac.authorization.k8s.io
```

### 8.3.3　Admission Control（准入控制）

突破了之前所说的认证和鉴权两道关卡后，客户端的调用请求就能够得到 API Server 的真正响应了吗？

答案是否定的，这个请求还需要通过 Admission Control（准入控制）所控制的一个准入控制链的层层考验，才能获得成功的响应。Kubernetes 官方标准的"关卡"有 30 多个，还允许用户自定义扩展。

Admission Control 配备了一个准入控制器的插件列表，发送给 API Server 的任何请求都需要通过列表中每个准入控制器的检查，检查不通过，则 API Server 将拒绝此调用请求。

### 8.3.4　Service Account

#### 1. Kubernetes 中的两种账号类型

k8s 中有两种用户：服务账号（Service Account）和普通用户（User）。

Service Account 是由 k8s 管理的，而 User 账号是在外部管理，k8s 不存储用户列表，也就是说针对用户的增、删、该、查都是在集群外部进行的，k8s 本身不提供普通用户的管理。

Service Account 也是一种账号，但它并不是供 Kubernetes 集群的用户（系统管理员、运维人员、租户用户等）使用的，而是供运行在 Pod 里的进程使用的，它为 Pod 里的进程提供了必要的身份证明。

#### 2. 两种账号的区别

（1）Service Account 是 k8s 内部资源，而普通用户是存在于 k8s 之外的。

（2）Service Account 是属于某个命名空间的，而不是全局的，而普通用户是全局的，不归某个 namespace 特有。

（3）Service Account 一般用于集群内部 Pod 进程使用，与 api-server 交互，而普通用户一般用于 kubectl 或者 REST 请求使用。

### 8.3.5　Secret 私密凭据

k8s Secrets 用于存储和管理一些敏感数据，如密码、token、密钥等敏感信息。它把 Pod 想要访问的加密数据存放到 etcd 中。然后用户就可以通过在 Pod 的容器内挂载 Volume 的方式或者环境变量的方式，访问到这些 Secret 里保存的信息了。

Secret 有 3 种类型。

（1）Opaque。Base64 编码格式的 Secret，用来存储密码、密钥等，但数据也可以通过 base64-decode 解码得到原始数据，所以加密性很弱。

（2）Service Account。用来访问 KubernetesAPI，由 Kubernetes 自动创建，并且会自动挂载到 Pod 的/run/secrets/ kubernetes.io/serviceaccount 目录中。

（3）kubernetes.io/dockerconfigjson。用来存储私有 docker registry 的认证信息。

## 8.4　分布式网络原理

### 8.4.1　Kubernetes 网络模型

Kubernetes 网络模型设计的一个基础原则是：每个 Pod 都拥有一个独立的 IP 地址，并假定所有 Pod 都在一个可以直接连通的、扁平的网络空间中。所以，不管它们是否运行在同一个 Node（宿主机）中，都要求它们可以直接通过对方的 IP 地址进行访问。设计这个原则的原因是，用户不需要额外考虑如何建立 Pod 之间的连接，也不需要考虑如何将容器端口映射到主机端口等问题。

实际上，在 Kubernetes 的世界里，IP 地址是以 Pod 为单位进行分配的。一个 Pod 内部的所有容器共享一个网络堆栈（相当于一个网络命名空间，它们的 IP 地址、网络设备、配置等都是共享的）。按照这个网络原则抽象出来的为每个 Pod 都设置一个 IP 地址的模型也被称为 IP-per-Pod 模型。

在 k8s 上的网络通信包含以下几类。

（1）容器间的通信。同一个 Pod 内的多个容器间的通信，它们之间通过 localhost 网卡进行通信。

（2）Pod 之间的通信。通过 Pod IP 地址进行通信。

（3）Pod 和 Service 之间的通信。Pod IP 地址和 Service IP 地址进行通信，两者并不属于同一网络，实现方式是通过 IPVS 或 iptables 规则转发。

（4）Service 和集群外部客户端的通信，实现方式为 Ingress、NodePort 和 Loadbalance。

k8s 网络的实现不是集群内部自己实现，而是依赖于第三方网络插件，如 CNI（Container Network Interface）、flannel、calico 和 canel 等，都是目前比较流行的第三方网络插件。

## 8.4.2 Docker 的网络实现

回顾之前学过的 Docker 网络模式，在完成 Docker 安装后，会默认提供 3 种网络：bridge、host 和 one，通常情况下，Docker 默认使用 bridge 网络模式。

在物理机上创建一个交换机，名为 docker0，启动容器时会给容器赋予一个网卡 IP 地址供使用，同时在交换机上给另一个 IP 地址提供另一个网卡，使用 brctl show 命令可以看到 docker0 上面的网卡的接口。

```
yum -y bridge-utils
```

docker0 网桥默认为 nat 网桥模式，每生成一个容器后，都会生成以下 iptables 规则：任何接口进来只要不是到达 docker0 的地址，都需要作伪装。

第一种：如果外部主机想要访问本机的一个 Docker，只有使用 SNAT-DNAT 方式实现。在主机的网卡上做端口的映射。

容器由 USER、MOUNT、Pid、UTS、Net、IPC 共 6 个独立的名称空间组成 namespace 资源隔离 cgroup 资源划分。

第二种：使多个容器共用一个网络接口，也就是一个 IO 通信，联盟式网络。

第三种：host 让容器使用宿主机的 namespace，就拥有了管理主机的网络权力，使两个 Docker 共享网络资源，这两个 Docker 内部程序可以通过 IO 直接通信。

第四种：none 使得容器成为一个孤岛只处理自己的程序，可以通过 docker network inspect bridge 命令查看 bridge 网络的默认配置。

```
docker container inspect ip 地址
```

## 8.4.3　Kubernetes 的网络实现

#### 1．容器到容器的通信

同一个 Pod 内的容器（Pod 内的容器是不会跨宿主机的）共享同一个网络命名空间，共享同一个 Linux 协议栈。所以对于网络的各类操作，就和它们在同一台机器上一样，甚至可以用本地主机（localhost）地址访问彼此的端口。

#### 2．Pod 之间的通信

每个 Pod 都有一个真实的全局 IP 地址，同一个 Node 内的不同 Pod 之间可以直接采用对方 Pod 的 IP 地址通信，而且不需要采用其他发现机制，如 DNS、Consul 或者 etcd。

Pod 容器既有可能在同一个 Node 上运行，也有可能在不同的 Node 上运行，所以通信也分为两类：同一个 Node 内 Pod 之间的通信和不同 Node 上 Pod 之间的通信。

1）同一个 Node 内 Pod 之间的通信

Pod1 和 Pod2 都是通过 V eth 连接到同一个 docker0 网桥上的，它们的 IP 地址 IP1、IP2 都是从 docker0 的网段上动态获取的，它们和网桥本身的 IP3 是同一个网段。

2）不同 Node 上 Pod 之间的通信

Pod 的地址是与 docker0 在同一个网段的，由于 docker0 网段与宿主机网卡是两个完全不同的 IP 网段，并且不同 Node 之间的通信只能通过宿主机的物理网卡进行，因此要想实现不同 Node 上 Pod 容器之间的通信，必须想办法通过主机的这个 IP 地址进行寻址和通信。

## 8.4.4　CNI 网络模型

随着容器技术在企业生产系统中的逐步落地，用户对容器云的网络特性要求也越来越高。跨主机容器间的网络互通已经成为基本要求，更高的要求包括容器固定 IP 地址、一个容器多个 IP 地址、多个子网隔离、ACL 控制策略、与 SDN 集成等。目前主流的容器网络模型主要有 Docker 公司推出的 Container Network Model（CNM）模型和 CoreOS 公司推出的 Container Network Interface（CNI）模型。

CNM 是一个被 Docker 提出的规范。现在已经被 Cisco Contiv、Kuryr、Open Virtual Networking（OVN）、Project Calico、VMware 和 Weave 这些公司和项目所采纳。

libnetwork 是 CNM 的原生实现，它为 Docker daemon 和网络驱动程序之间提供了接口。网络控制器负责将驱动和一个网络进行对接。每个驱动程序负责管理它所拥有的网络及为该网络提供的各种服务，如 IPAM 等。由多个驱动支撑的多个网络可以同时并存。

网络驱动可以按提供方的不同而被分为原生驱动（libnetwork 内置的或 Docker 支持的）或者远程驱动（第三方插件）。原生驱动包括 none、bridge、overlay 及 MACvlan。驱动也可以被按照适用范围被分为本地（单主机）的和全局的（多主机）。

（1）Network Sandbox：一个容器内部的网络栈。

（2）Endpoint：一个通常成对出现的网络接口。一端在网络容器内，另一端在网络内。一个 Endpoints 可以加入一个网络。一个容器可以有多个 endpoints。

（3）Network：一个 endpoints 的集合。该集合内的所有 endpoints 可以互联互通。

### 1. Container Network Interface（CNI）

CNI 是由 CoreOS 公司推出的一个容器网络规范。已采纳该规范的项目包括 Apache Mesos、Cloud Foundry、Kubernetes、Kurma 和 rkt。另外 Contiv Networking、Project Calico 和 Weave 这些项目也为 CNI 提供插件。

CNI 的规范比较小巧，它规定了一个容器 runtime 和网络插件之间的简单契约。这个契约通过 JSON 的语法定义了 CNI 插件所需要提供的输入和输出。

一个容器可以被加入到被不同插件所驱动的多个网络之中。一个网络有自己对应的插件和唯一的名称。CNI 插件需要提供两个命令：一个用来将网络接口加入到指定网络，另一个用来将其移除。这两个接口分别在容器被创建和销毁时被调用。

### 2. CNI Flow

容器 runtime 首先需要分配一个网络命名空间及一个容器 ID，然后连同一些 CNI 配置参数传给网络驱动。接着网络驱动会将该容器连接到网络，并将分配的 IP 地址以 JSON 的格式返回给容器 runtime。

Mesos 是最新的加入 CNI 支持的项目。Cloud Foundry 的支持也正在开发中。当前的 Mesos 网络使用宿主机模式，也就是说容器共享了宿主机的 IP 地址。Mesos 正在尝试为每个容器提供一个自己的 IP 地址。这样做的目的是使 IT 人员可以自行选择组网方式。

目前，CNI 的功能涵盖了 IPAM、L2 和 L3。端口映射（L4）则由容器 runtime 自己负责。CNI 也没有规定端口映射的规则。这样比较简化的设计对于 Mesos 而言有些问题，端口映射是其中之一。另外一个问题是，当 CNI 的配置被改变时，容器的行为在规范中是没有定义的。为此，Mesos 在 CNI agent 重启时，会使用该容器与 CNI 关联时的配置。

## 8.4.5　Kubernetes 网络策略

Network Policy 的主要功能是对 Pod 间的网络通信进行限制和准入控制，设置方式为将 Pod 的 Label 作为查询条件，设置允许访问或禁止访问的客户端 Pod 列表。目前查询条件可以作用于 Pod 和 Namespace 级别。

为了使用 Network Policy，Kubernetes 引入了一个新的资源对象 NetworkPolicy，供用户设置 Pod 间网络访问的策略。但仅定义一个网络策略是无法完成实际的网络隔离的，还需要一个策略控制器（Policy Controller）进行策略的实现。策略控制器由第三方网络组件提供，目前，Calico、Cilium、Kube-router、Romana、Weave Net 等开源项目均支持网络策略的实现。

## 8.4.6 开源的网络组件

目前,已经有多个开源组件支持容器网络模型。本节介绍几个常见的网络组件,包括 Flannel、Open vSwitch、直接路由和 Calico。

### 1. Flannel

Flannel 之所以可以搭建 k8s 依赖的底层网络,是因为它能实现以下两个功能。

(1)它能协助 k8s,给每一个 Node 上的 Docker 容器分配互相不冲突的 IP 地址。

(2)它能在这些 IP 地址之间建立一个覆盖网络(Overlay Network),通过这个覆盖网络,将数据包原封不动地传递到目标容器内。

### 2. Open vSwitch

Open vSwitch 是一个开源的虚拟交换软件,类似于 Linux 中的 Bridge,但是功能要复杂得多。Open vSwitch 的网桥可以直接建立多种通信通道(隧道),如 Open vSwitch with GRE/VxLAN。这些通道的建立可以很容易地通过 OVS 的配置命令实现。在 k8s、Docker 场景下,通常主要建立 L3 到 L3 的隧道。

### 3. 直接路由

在前面章节的实验中已经测试过通过直接手动写路由的方式,以实现 Node 之间的网络通信功能,这里不再讨论配置方法。该直接路由配置方法的问题是,在集群节点发生变化时,需要手动维护每个 Node 上的路由表信息,效率很低。为了有效管理这些动态变化的网络路由信息,动态地让其他 Node 都感知到,需要使用动态路由发现协议来同步这些变化。

在实现这些动态路由发现协议的开源软件中,常用的有 Quagga、Zebra 等。

### 4. Calico

Calico 是容器网络的又一种解决方案,与其他虚拟网络最大的不同是,它没有采用 overlay 网络做报文的转发,提供了纯 3 层的网络模型。三层通信模型表示每个容器都通过 IP 直接通信,中间通过路由转发找到对方。

在这个过程中,容器所在的节点类似于传统的路由器,提供了路由查找的功能。要想路由能够正常工作,每个虚拟路由器(容器所在的主机节点)必须有某种方法知道整个集群的路由信息,Calico 采用的是 BGP 路由协议,其全称是 Border Gateway Protocol。

除了能用于容器集群平台 Kubernetes、共有云平台 AWS、GCE 等,也能很容易地集成到 openstack 等 IaaS 平台。

Calico 在每个计算节点利用 Linux Kernel 实现了一个高效的 vRouter 来负责数据转发。每个 vRouter 通过 BGP 协议把在本节点上运行的容器的路由信息向整个 Calico 网络广播,并自动设置到达其他节点的路由转发规则。

Calico 保证所有容器之间的数据流量都是通过 IP 路由的方式完成互联互通的。Calico 节点组网可以直接利用数据中心的网络结构(L2 或者 L3),不需要额外的 NAT、隧道或者 Overlay Network,没有额外的封包解包,能够节约 CPU 运算,提高网络通信效率。

## 8.4.7 负载均衡和网络路由

负载均衡从其应用的地理结构上分为本地负载均衡（Local Load Balance）和全局负载均衡（Global Load Balance，也称地域负载均衡），本地负载均衡针对本地范围的服务器群做负载均衡，全局负载均衡针对不同地理位置、不同网络结构的服务器群做负载均衡。

本地负载均衡不需要花费高额成本购置高性能服务器，只需利用现有设备资源，即可有效避免服务器单点故障造成数据流量的损失，通常用来解决数据流量过大、网络负荷过重的问题。

同时它拥有形式多样的均衡策略，能够把数据流量合理均衡地分配到各台服务器。如果需要在现有服务器上升级扩充，无须改变现有网络结构、停止现有服务，仅需在服务群中简单地添加一台新服务器即可。

全局负载均衡主要解决全球用户只需一个域名或 IP 地址就能访问到距离自己最近的服务器的问题，从而获得最快的访问速度，它在多区域都拥有自己的服务器站点，同时也适用于那些子公司站点分布广的大型公司通过企业内部网（Intranet）达到资源合理分配的需求。

全局负载均衡具备的特点如下。

（1）提高服务器响应速度，解决网络拥塞问题，达到高质量的网络访问效果。

（2）能够远距离为用户提供完全的透明服务，真正实现与地理位置无关性。

（3）能够避免各种单点失效，既包括数据中心、服务器等的单点失效，也包括专线故障引起的单点失效。

负载均衡有 3 种部署方式：路由模式、桥接模式和服务直接返回模式。路由模式部署灵活，约 60%的用户采用这种方式部署；桥接模式不改变现有的网络架构；服务直接返回模式（DSR）比较适合吞吐量大特别是内容分发的网络应用，约 30%的用户采用这种模式。

（1）路由模式（推荐）。路由模式的部署方式为：服务器的网关必须设置成负载均衡机的 LAN 口地址，且与 WAN 口分属不同的逻辑网络。因此所有返回的流量也都经过负载均衡。这种方式对网络的改动小，能均衡任何下行流量。

（2）桥接模式。桥接模式配置简单，不改变现有网络。负载均衡的 WAN 口和 LAN 口分别连接上行设备和下行服务器。LAN 口不需要配置 IP（WAN 口与 LAN 口是桥连接），所有的服务器与负载均衡均在同一逻辑网络中。由于这种安装方式容错性差，网络架构缺乏弹性，对广播风暴及其他生成树协议循环相关联的错误敏感，因此一般不推荐使用这种安装架构。

（3）服务直接返回模式。这种安装方式负载均衡的 LAN 口、WAN 口与服务器在同一个网络中，互联网的客户端访问负载均衡的虚 IP（VIP），虚 IP 对应负载均衡机的 WAN 口，负载均衡根据策略将流量分发到服务器上，服务器直接响应客户端的请求。因此对于客户端而言，响应他的 IP 不是负载均衡机的虚 IP（VIP），而是服务器自身的 IP 地址。也就是说返回的流量是不经过负载均衡的，因此这种方式适用大流量、高带宽要求的服务。

## 8.5 存储原理

### 8.5.1 共享存储机制介绍

Kubernetes 对于有状态的容器应用或者对数据需要持久化的应用，不仅需要将容器内的目录挂载到宿主机的目录或者 emptyDir 临时存储卷，而且需要更加可靠的存储来保存应用产生的重要数据，以便容器应用在重建之后仍然可以使用之前的数据。

不过，存储资源和计算资源（CPU/内存）的管理方式完全不同。为了能够屏蔽底层存储实现的细节，让用户方便使用，同时让管理员方便管理，Kubernetes 从 1.0 版本就引入 PersistentVolume（PV）和 PersistentVolumeClaim（PVC）两个资源对象来实现对存储的管理子系统。

### 8.5.2 PVC 介绍

PV 作为存储资源，主要包括存储能力、访问模式、存储类型、回收策略、后端存储类型等关键信息的设置。

下面的实例声明的 PV 具有以下属性：5GiB 存储空间，访问模式为 ReadWriteOnce，存储类型为 slow（要求在系统中已存在名为 slow 的 StorageClass），回收策略为 Recycle，并且后端存储类型为 nfs（设置了 NFS Server 的 IP 地址和路径）。

```
apiVersion: v1
kind: PersistentVolume
metadata:
  name: pv1
spec:
  capacity:
    storage: 5Gi
  accessModes:
  - ReadWriteOnce
  persistentVolumeReclaimPolicy: Recycle
  storageClassName: slow
  nfs:
    path: /tmp
    server: 172.17.0.2
```

**1. PV 的关键配置参数**

（1）存储能力。描述了存储设备具备的能力，目前仅支持对存储空间的设置（storage=xx），未来可能加入 IOPS、吞吐率等指标的设置。

（2）存储卷模式（Volume Mode）。Kubernetes 从 1.13 版本开始引入存储卷类型的设置（volumeMode=xxx），可选项包括 Filesystem（文件系统）和 Block（块设备），默认值为 Filesystem。

(3)访问模式(Access Modes)。对 PV 进行访问模式的设置,用于描述用户的应用对存储资源的访问权限。

### 2. 访问模式

(1)ReadWriteOnce(RWO):读写权限,并且只能被单个 Node 挂载。

(2)ReadOnlyMany(ROX):只读权限,允许被多个 Node 挂载。

(3)ReadWriteMany(RWX):读写权限,允许被多个 Node 挂载。

(4)存储类别:PV 可以设定其存储的类别,通过 storageClassName 参数指定一个 StorageClass 资源对象的名称。具有特定类别的 PV 只能与请求了该类别的 PVC 进行绑定。未设定类别的 PV 则只能与不请求任何类别的 PVC 进行绑定。

(5)回收策略:通过 PV 定义中的 persistentVolumeReclaimPolicy 字段进行设置,可选项如下。

①保留:保留数据,需要手工处理。

②回收空间:简单清除文件的操作(如执行 rm -rf /thevolume/* 命令)。

③删除:与 PV 相连的后端存储完成 Volume 的删除操作(如 AWS EBS、GCE PD、Azure Disk、OpenStack Cinder 等设备的内部 Volume 清理)。

(6)挂载参数(Mount Options):在将 PV 挂载到一个 Node 上时,根据后端存储的特点,可能需要设置额外的挂载参数,可以根据 PV 定义中的 mountOptions 字段进行设置。

(7)节点亲和性(Node Affinity):PV 可以设置节点亲和性来限制只能通过某些 Node 访问 Volume,可以在 PV 定义中的 nodeAffinity 字段进行设置。使用这些 Volume 的 Pod 将被调度到满足条件的 Node 上。

### 3. PV 生命周期的各个阶段

某个 PV 在生命周期中可能处于以下 4 个阶段之一。

(1)Available:可用状态,还未与某个 PVC 绑定。

(2)Bound:已与某个 PVC 绑定。

(3)Released:绑定的 PVC 已经删除,资源已释放,但没有被集群回收。

(4)Failed:自动资源回收失败。

### 4. PVC

PVC 作为用户对存储资源的需求申请,主要包括存储空间请求、访问模式、PV 选择条件和存储类别等信息的设置。

下面的实例声明的 PVC 具有以下属性:申请 8GiB 存储空间,访问模式为 ReadWriteOnce,PV 选择条件为包含标签"release=stable"并且包含条件为"environment In [dev]"的标签,存储类别为"slow"(要求在系统中已存在名为 slow 的 StorageClass)。

```
kind: PersistentVolumeClaim
apiVersion: v1
```

```
metadata:
  name: myclaim
spec:
  accessModes:
  - ReadWriteOnce
  resources:
    requests:
      storage: 8Gi
  storageClassName: slow
  selector:
    matchLabels:
      release: "stable"
    matchExpressions:
    - {key: enviroment, operator: In, values: [dev] }
```

#### 5. PVC 的关键配置参数说明

（1）资源请求（Resources）。描述对存储资源的请求，目前仅支持 request.storage 的设置，即存储空间大小。

（2）访问模式（Access Modes）。PVC 也可以设置访问模式，用于描述用户应用对存储资源的访问权限。其 3 种访问模式的设置与 PV 的设置相同。

（3）存储卷模式（Volume Modes）。PVC 也可以设置存储卷模式，用于描述希望使用的 PV 存储卷模式，包括文件系统和块设备。

（4）PV 选择条件（Selector）。通过对 Label Selector 的设置，可使 PVC 对于系统中已存在的各种 PV 进行筛选。系统将根据标签选出合适的 PV 与该 PVC 进行绑定。选择条件可以使用 matchLabels 和 matchExpressions 进行设置，如果两个字段都设置了，则 Selector 的逻辑将是两组条件同时满足才能完成匹配。

（5）存储类别（Class）。PVC 在定义时可以设定需要的后端存储的类别（通过 storageClassName 字段指定），以减少对后端存储特性的详细信息的依赖。只有设置了该 Class 的 PV 才能被系统选出，并与该 PVC 进行绑定。

### 8.5.3 PV 和 PVC 的生命周期

#### 1. PV 和 PVC 的生命周期一

可以将 PV 看作可用的存储资源，PVC 则是对存储资源的需求。

（1）资源供应 Kubernetes 支持两种资源的供应模式：静态模式（Static）和动态模式（Dynamic）。资源供应的结果就是创建好的 PV。

（2）静态模式。集群管理员手动创建许多 PV，在定义 PV 时需要将后端存储的特性进行设置。

（3）动态模式。集群管理员无须手动创建 PV，而是通过 StorageClass 的设置对后端存储进行描述，标记为某种类型。此时要求 PVC 对存储的类型进行声明，系统将自动完成 PV 的创建及与 PVC 的绑定。PVC 可以声明 Class 为""，说明该 PVC 禁止使用动态模式。

**2. PV 和 PVC 的生命周期二**

1）资源绑定

在用户定义好 PVC 后，系统将根据 PVC 对存储资源的请求（存储空间和访问模式）在已存在的 PV 中选择一个满足 PVC 要求的 PV，一旦找到，就将该 PV 与用户定义的 PVC 进行绑定，用户的应用就可以使用这个 PVC 了。

如果在系统中没有满足 PVC 要求的 PV，PVC 则会无限期处于 Pending 状态，直到系统管理员创建了一个符合其要求的 PV。PV 一旦绑定到某个 PVC 上，就会被这个 PVC 独占，不能再与其他 PVC 进行绑定了。

在这种情况下，当 PVC 申请的存储空间比 PV 的少时，整个 PV 的空间就都能够为 PVC 所用，可能会造成资源的浪费。如果资源供应使用的是动态模式，则系统在为 PVC 找到合适的 StorageClass 后，将自动创建一个 PV 并完成与 PVC 的绑定。

2）资源使用

Pod 使用 Volume 的定义，将 PVC 挂载到容器内的某个路径进行使用。Volume 的类型为 persistentVolumeClaim，在后面的示例中再进行详细说明。在容器应用挂载了一个 PVC 后，就能被持续独占使用。不过，多个 Pod 可以挂载同一个 PVC，应用程序需要考虑多个实例共同访问一块存储空间的问题。

3）资源释放

当用户对存储资源使用完毕后，可以删除 PVC，与该 PVC 绑定的 PV 将会被标记为"已释放"，但还不能立刻与其他 PVC 进行绑定。通过之前 PVC 写入的数据可能还被留在存储设备上，只有在清除之后该 PV 才能再次使用。

4）资源回收

对于 PV，管理员可以设定回收策略，用于设置与之绑定的 PVC 释放资源之后如何处理遗留数据的问题。只有 PV 的存储空间完成回收，才能供新的 PVC 绑定和使用。

## 8.5.4　StorageClass 详解

StorageClass 作为对存储资源的抽象定义，对用户设置的 PVC 申请屏蔽后端存储的细节，一方面减少了用户对于存储资源细节的关注，另一方面减轻了管理员手工管理 PV 的工作，由系统自动完成 PV 的创建和绑定，实现了动态资源供应。基于 StorageClass 的动态资源供应模式将逐步成为云平台的标准存储配置模式。

StorageClass 的定义主要包括名称、后端存储的提供者（provisioner）和后端存储的相关参数配置。StorageClass 一旦被创建出来，则将无法修改。如需更改，只能删除原 StorageClass 的定义重建。

下面的实例定义了一个名为 standard 的 StorageClass，提供者为 aws-ebs，其参数设置了一个 type，值为 gp2。

```
kind: StorageClass
apiVersion: storage.k8s.io/v1
metadata:
  name: standard
provisioner: kubernetes.io/aws-bs
parameters:
  type: gp2
```

StorageClassd 的关键配置参数如下。

提供者描述存储资源的提供者，也可以看作后端存储驱动。目前 Kubernetes 支持的 Provisioner 都以 "kubernetes.io/" 为开头，用户也可以使用自定义的后端存储提供者。为了符合 StorageClass 的用法，自定义 Provisioner 需要符合存储卷的开发规范，详见 https://github.com/kubernetes/community/blob/master/contributors/design-proposals/storage/volume-provisioning.md 的说明。

## 8.5.5　GlusterFS 动态存储管理实战

GlusterFS 存储卷代码如下。

```
apiVersion: storage.k8s.io/v1
kind: StorageClass
metadata:
  name: slow
provisioner: kubernetes.io/glusterfes
parameters:
  resturl: "http://127.0.0.1:8081"
  clusterid: "xxxxxxxxxxxx"
  restauthenabled: "true"
  restuser: "admin"
  secretNamespace: "default"
  secretName: "heketi-secret"
  gidMin: "40000"
  gidMax: "50000"
  volumetype: "replicate:3"
```

参数说明如下（详细说明请参考 GlusterFS 和 Heketi 的文档）。

（1）resturl：Gluster REST 服务（Heketi）的 URL 地址，用于自动完成 GlusterFSvolume 的设置。

（2）restauthenabled：是否对 Gluster REST 服务启用安全机制。

（3）restuser：访问 Gluster REST 服务的用户名。

（4）secretNamespace 和 secretName：保存访问 Gluster REST 服务密码的 Secret 资源对象名。

（5）clusterid：GlusterFS 的 Cluster ID。

（6）gidMin 和 gidMax：StorageClass 的 GID 范围，用于动态资源供应时为 PV 设置的 GID。

（7）volumetype：设置 GlusterFS 的内部 Volume 类型，如 replicate:3（Replicate 类型，3 份副本）、disperse:4:2（Disperse 类型，4 份数据，2 份冗余、"none"（Distribute 类型）。

# 第 9 章

# Kubernetes 开发与运维

本章学习目标

- Kubernetes API 和源码分析。
- 基于 Kubernetes API 的二次开发。
- Kubernetes 集群管理基础。
- 故障排除。

本章首先向读者介绍 Kubernetes API 和源码分析，接着介绍基于 Kubernetes API 的二次开发，最后介绍 Kubernetes 集群管理基础知识和故障排除的方法。

## 9.1 Kubernetes API 和源码分析

### 9.1.1 使用 REST 访问 Kubernetes

#### 1. REST

REST（representational state transfer）是由 roy 博士在他的论文中提出的一个术语，REST 本身只是为分布式超媒体系统设计的一种架构风格，而不是标准。

基于 Web 的架构实际上就是各种规范的集合，这些规范共同组成了 Web 架构，如 HTTP、客户端服务器模式等都是规范。每当用户在原有规范的基础上增加新的规范时，就会形成新的架构，而 REST 正是这样一种架构，结合了一系列规范，形成了一种新的基于 Web 的架构风格。

#### 2. 传统的 Web 应用多为 B/S 架构

1）客户-服务器

这种规范的提出，改善了用户接口跨多个平台的可移植性，并且通过简化服务器组件，改善了系统的可伸缩性。最为关键的是通过分析用户接口和数据存储，使得不同的用户终端共享相同的数据成为可能。

2）无状态性

这是在客户-服务器的基础上添加的又一层规范，要求通信必须在本质上是无状态的，即从客户端到服务器的每个 request 都必须包含理解该 request 所必需的所有信息。

这个规范改善了系统的可见性（无状态性使得客户端和服务端不必保存对方的详细信息，服务器只需处理当前的 request，而不必了解所有 request 的历史）、可靠性（无状态性减少了服务器从局部错误中恢复的任务量）、可伸缩性（无状态使得服务器端可以很容易地释放资源，因为服务端不必在多个 request 中保存状态）。

同时，这种规范的缺点也是显而易见的，由于不能将状态数据保存在服务器上，因此增加了在一系列 request 中发生重复数据的开销，严重降低了效率。

## 9.1.2 Kubernetes API 详解

Kubernetes API 是集群系统中的重要组成部分，Kubernetes 中各种资源（对象）的数据通过该 API 接口被提交到后端的持久化存储（etcd）中。Kubernetes 集群中的各部件之间通过该 API 接口实现解耦合，同时 Kubernetes 集群中一个重要且便捷的管理工具——kubectl 也是通过访问该 API 接口实现其强大的管理功能的。

Kubernetes API 中的资源对象都拥有通用的元数据，资源对象也可能存在嵌套现象，比如在一个 Pod 里面嵌套多个 Container。创建一个 API 对象，是指通过 API 调用创建一条有意义的记录，该记录一旦被创建，Kubernetes 将确保对应的资源对象会被自动创建并托管维护。

在 Kubernetes 系统中，大多数情况下，API 用于定义和实现都符合标准的 HTTP REST 格式，比如通过标准的 HTTP 动词（POST、PUT、GET、DELETE）来完成对相关资源对象的查询、创建、修改、删除等操作。

但 Kubernetes 也为某些非标准的 REST 行为实现了附加的 API 接口，如 Watch 某个资源的变化、进入容器执行某个操作等。另外，某些 API 接口可能违背严格的 REST 模式，因为接口不是返回单一的 JSON 对象，而是返回其他类型的数据，如 JSON 对象流（Stream）或非结构化的文本日志数据等。

入口：kubernetes/kubernetes/cmd/kube-apiserver/apiserver.go，apiserver.go 里面的 main 方法调用 server.go 里面的 run 方法来启动指定的 API Server，如图 9-1 所示。

图 9-1 启动指定的 API Server

-kubernetes/kubernetes/cmd/kube-apiserver/app/server.go,server.go 里面的 run 方法如图 9-2 所示。

可以看到首先调用 CreateServerChain 方法去创建一些 Server，然后再启动这些 Server API 版本。

Server API 版本如下。

（1）Alpha：该软件可能包含错误。启用一个功能可能会导致 bug，随时可能会丢弃对该功能的支持，恕不另行通知。

```go
// Run runs the specified APIServer.  This should never exit.
func Run(runOptions *options.ServerRunOptions, stopCh <-chan struct{}) error {
	// To help debugging, immediately log version
	glog.Infof("Version: %+v", version.Get())

	server, err := CreateServerChain(runOptions, stopCh)
	if err != nil {
		return err
	}

	return server.PrepareRun().Run(stopCh)
}
```

图 9-2　run 方法

（2）Beta：软件经过很好的测试。启用功能被认为是安全的。默认情况下功能是开启的。细节可能会改变，但功能在后续版本不会被删除。

（3）Stable：该版本名称的命名方式为 vX，这里的 X 是一个整数，是一个稳定版本，可放心使用，将出现在后续发布的软件版本中。

（4）V1：Kubernetes API 的稳定版本，包含很多核心对象，如 pod、service 等。

在 Kubernetes 1.8 版本中，新增加了 apps/v1beta2 的概念，与 apps/v1beta1 同理，DaemonSet、Deployment、ReplicaSet 和 StatefulSet 的当时版本迁入 apps/v1beta2，兼容原有的 extensions/v1beta1。

## 9.1.3　API Groups

早些年，各大互联网公司的应用技术栈大致可分为 LAMP（Linux + Apache + MySQL + PHP）和 MVC（Spring + iBatis/Hibernate + Tomcat）两大流派。无论是 LAMP 还是 MVC，都是为单体应用架构设计的，其优点是学习成本低，开发上手快，测试、部署、运维也比较方便，甚至一个人就可以完成一个网站的开发与部署。

然而随着业务规模的不断扩大，以及团队开发人员的不断扩张，单体应用架构开始出现以下问题。

（1）部署效率低下。当单体应用的代码越来越多，依赖的资源越来越多时，应用编译打包、部署测试一次，甚至需要 10min 以上。

（2）团队协作开发成本高。早期在团队开发人员只有 2～3 个人时，协作修改代码，最后合并到同一个 master 分支，然后打包部署，尚且可控。但是一旦团队人员扩张，超过 5 人修改代码，然后一起打包部署，测试阶段只要有一块功能有问题，就必须重新编译打包部署，然后重新预览测试，所有相关的开发人员又都得参与其中，效率低下，开发成本极高。

## 9.1.4　API 方法说明

由于 k8s 的 API 是基于 REST 的设计思想，因此，不同种类的 HTTP 请求也就对应了不同的操作。

比较常用的对应关系有以下几个。

（1）GET（SELECT）。从服务器取出资源（一项或多项）。GET 请求对应 k8s API 的获取信息功能。因此，如果是获取信息的命令，都要使用 GET 方式发起 HTTP 请求。

（2）POST（CREATE）。在服务器新建一个资源。POST 请求对应 k8s API 的创建功能。因此，需要创建 Pods、ReplicaSet 或者 Service 时，需要使用这种方式发起请求。

（3）PUT（UPDATE）。在服务器中更新资源（客户端提供改变后的完整资源）。对应更新 Nodes 或 Pods 的状态、ReplicaSet 的自动备份数量等。

（4）PATCH（UPDATE）。在服务器中更新资源（客户端提供改变的属性）。

（5）DELETE（DELETE）。从服务器中删除资源。在使用完毕环境后，可以使用这种方式将 Pod 删除，释放资源。

## 9.1.5　API 响应说明

API Server 响应用户请求时附带一个状态码，该状态码符合 HTTP 规范。表 9-1 列出了 API Server 可能返回的状态码。

表 9-1　状态码

| 状态码 | 编码 | 描述 |
| --- | --- | --- |
| 200 | ok | 表明请求完成 |
| 201 | Created | 表明创建类的请求完全成功 |
| 204 | NoContent | 表明请求完全成功，同时 HTTP 响应不包含响应体<br>在响应 OPTIONS 方法的 HTTP 请求时返回 |
| 307 | TemporaryRedirect | 表明请求资源的地址被改变，建议客户端使用 Location 首部给出临时 URL 来定位资源 |
| 400 | BadRequest | 表明请求是非法的，建议客户端不要重试，修改该请求 |
| 401 | Unauthorized | 表明请求能够到达服务器端，且服务端能够理解用户请求，但是拒绝做更多的事情，因为客户端必须提供认证信息<br>如果客户端提供了认证信息，则返回该状态码，表明服务器端指出所提供的认证信息不合适或非法 |
| 403 | Forbidden | 表明请求能够到达服务器端，且服务器端能够理解用户请求，但是拒绝做更多的事情，因为该请求被设置成拒绝访问，建议客户不要重试，修改该请求 |
| 404 | NotFound | 表明所请求的资源不存在。建议客户不要重试，修改该请求 |
| 405 | MethodNotAllowed | 表明请求中带有该资源不支持的方法。建议客户不要重试，修改该请求 |

## 9.2 基于 Kubernetes API 的二次开发

### 9.2.1 使用 Java 访问 Kubernetes API

kube-API Server 支持同时提供 HTTPS（默认监听在 6443 端口）和 HTTP API（默认监听在 127.0.0.1 的 8080 端口），其中 HTTP API 是非安全接口，不做任何认证授权机制，不建议生产环境启用。两个接口提供的 REST API 格式相同。

1）GET /<资源名的复数格式>

获得某一类型的资源列表，如 GET /pods 返回一个 Pod 资源列表。

2）POST /<资源名的复数格式>

创建一个资源，该资源来自用户提供的 JSON 对象。

3）GET /<资源名复数格式>/<名字>

通过给出的名称（Name）获得单个资源，如 GET /pods/first 返回一个名为 "first" 的 Pod。

4）DELETE /<资源名复数格式>/<名字>

通过给出的名字删除单个资源，删除选项（DeleteOptions）中可以指定的优雅删除（Grace Deletion）的时间（GracePeriodSeconds），该选项表明了从服务端接收到删除请求再到资源被删除的时间间隔（单位为秒）。

5）PUT /<资源名复数格式>/<名字>

通过给出的资源名和客户端提供的 JSON 对象来更新或创建资源。

6）PATCH /<资源名复数格式>/<名字>

选择修改资源详细指定的域。

7）GET /watch/<资源名复数格式>

随时间变化，不断接收一连串的 JSON 对象，这些 JSON 对象记录了给定资源类别内所有资源对象的变化情况。

### 9.2.2 使用 Jersey 框架访问 Kubernetes API

项目中更需要用到 Web Service，具体来说是使用 Jersey。那么首先需要了解 Jersey 和 Web Service 的关系，捋顺 Web Service 框架的各种实现，通过查阅相关博客，总结 Web Service 的结构图如图 9-3 所示。

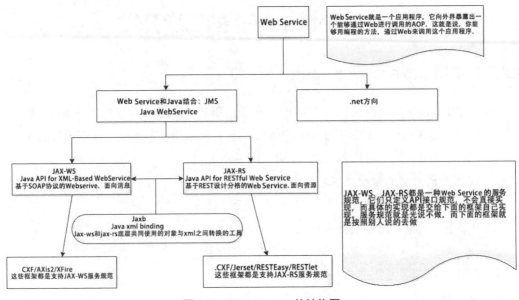

图 9-3  Web Service 的结构图

### 9.2.3  使用 Fabric8 框架访问 Kubernetes API

在获取资源所在的类 GetInfo 时，首先要做的就是创建 Client，KubernetesClient client= GetClient.getClient（"MasterIp"）。

即输入一个 MasterIp，就可以通过 GetClient 类中的静态工厂方法创建一个客户端实例。（这里参考 Effective Java 中的第一条），在 GetClient 工厂类中写了静态方法，内容如下。

```
注释: 每个 key 都是 String 类型的 MasterIp,对应一个 Client 对象
private static Map<String, KubernetesClient> clientMap = new HashMap<>();
private String token="xxxx";
//先查询,没有则创建新的实例对象
public static KubernetesClient getClient(String k8sMasterIp) {
    if (!clientMap.containsKey(k8sMasterIp)) {
        synchronized (K8sClient.class) {
            if (!clientMap.containsKey(k8sMasterIp)) {
                KubernetesClient client = createClient(k8sMasterIp);
                clientMap.put(k8sMasterIp, client);
                return client;
            }
        }
    }
    return CLIENTS.get(k8sMasterIp);
}
```

### 9.2.4  Kubernetes 开发中的新功能

Kubernetes 1.16 于 2019 年 9 月发布，包含以下几个新增功能和修订功能。

（1）自定义资源定义（CRD）。Kubernetes 1.7 中引入的长期推荐的用于扩展 Kubernetes 功能的机制，现已正式成为一种普遍可用的功能。CRD 已被第三方广泛使用。随着改用 GA，默认情况下现在需要许多可选但推荐的行为，以保持 API 的稳定。

（2）卷的处理方式已进行了许多更改。其中最主要的是将容器存储接口（CSI）中的批量调整大小 API 移至 Beta。

（3）Kubeadm 现在具有 Alpha 支持。可以将 Windows Worker 节点加入现有群集。长期目标是使 Windows 和 Linux 节点都成为群集中的一等公民，而不是让 Windows 仅具有部分行为。

（4）Windows 节点现在可以在 Alpha 中使用 CSI 插件支持。因此这些系统可以开始使用与 Linux 节点相同范围的存储插件。

（5）一项新功能 Endpoint Slices 允许更大程度地扩展群集，并在处理网络地址时具有更大的灵活性。端点切片现在可作为 Alpha 测试功能使用。

（6）使用 Kubernetes 1.16 继续处理指标的方式进行了重大改进。一些度量标准已被重命名或弃用，以使其与 Prometheus 更加一致。该计划将要删除 Kubernetes 1.17 弃用的所有指标。

（7）Kubernetes 1.16 删除了许多不赞成使用的 API 版本。

## 9.3 Kubernetes 集群管理基础

### 9.3.1 Node 的管理

#### 1. Node 的扩缩容

在实际生产系统中，经常遇到服务器容量不足的情况，这时就需要购买新的服务器，对应用系统进行水平扩展以实现扩容。

在 k8s 中，对一个新的 node 的加入非常简单，只需要在 node 节点上安装 Docker、kubelet 和 kube-proxy 服务，然后将 kubelet 和 kube-proxy 的启动参数中的 master url 指定为当前 Kubernetes 集群 master 的地址，然后启动服务即可。基于 kubelet 的自动注册机制，新的 Node 会自动加入现有的 Kubernetes 集群中。

Kubernetes master 在接受了新 Node 的注册后，会自动将其纳入当前集群的调度范围内，在之后创建容器时，就可以向新的 Node 进行调度了。删除 Node 节点的代码为：kubectl delete node k8s-node1。

#### 2. Node 的隔离与恢复

在硬件升级、硬件维护的情况下，需要将某些 Node 进行隔离，脱离 k8s 的调度范围。k8s 提供了一套机制，既可以将 Node 纳入调度范围，也可以将 Node 脱离调度范围。

通过配置文件实现，创建配置文件 unschedule_node.yml，内容如下。

```
apiVersion: v1
kind: Node
metadata:
  name: k8s-node1
  labels:
    namne: k8s-node1
spec:
  unschedulable: true
```

然后执行该配置文件，即可将指定的 Node 脱离调度范围，代码如下。

```
kubectl replace -f unschedule_node.yml
```

### 3. 更新资源对象的 Label

Label 作为用户可灵活定义的对象属性，在已创建的对象上仍然可以通过 kubectl label 命令对其进行增删改等操作。

给一个 Node 添加一个 label。

```
kubectl label node k8s-node1 role=backend
```

要想删除 Label，只需要在命令行最后指定 Label 的 key 名，并加一个减号即可。

```
kubectl label node k8s-node1 role-
```

将 Pod 调度到指定的 Node，Kubernetes 的 Scheduler 服务（kube-scheduler 进程）负责实现 Pod 的调度，整个调度过程通过执行一系列复杂的算法最终为每个 Pod 计算出一个最佳的目标节点，这一过程是自动完成的，无法知道 Pod 最终会被调度到哪个节点上。

可能需要将 Pod 调度到一个指定的 Node 上，此时，可以通过 Node 的标签（Label）和 Pod 的 nodeSelector 属性相匹配，来达到上述目的。

使用 kubectl label 给 Node 打标签的用法如下。

```
kubectl label nodes <node-name> <label-key>=<label-value>
```

下面的示例为 k8s-node1 打上一个 project=gcxt 的标签。

```
kubectl label nodes k8s-node1 project=gcxt
```

在 Pod 中加入 nodeSelector 定义，示例如下。

```
apiVersion: v1
kind: ReplicationController
metadata:
  name: memcached-gcxt
```

运行 kubectl create -f 命令创建 Pod，scheduler 就会将该 Pod 调度到拥有 project=gcxt 标签的 Node 上去。

这种基于 Node 标签的调度方式灵活性很高，比如可以把一组 Node 分别贴上"开发环境""测试环境""生产环境"这 3 组标签中的一种，此时一个 Kubernetes 集群就承载了 3 个环境，大大提高了开发效率。

需要注意的是，如果指定了 Pod 的 nodeSelector 条件，且集群中不存在包含相应标签的 Node 时，即使还有其他可供调度的 Node，这个 Pod 也最终会调度失败。

## 9.3.2 Namespace：集群环境共享与隔离

#### 1. 概述

可以认为 namespaces 是 Kubernetes 集群中的虚拟化集群。在一个 Kubernetes 集群中可以拥有多个命名空间，在逻辑上彼此隔离，可以提供组织、安全甚至性能方面的帮助。

大多数的 Kubernetes 中的集群默认会有一个名为 default 的 Namespace。实际上，应该是以下 3 个。

（1）default：用户的 Service 和 App 默认被创建于此。

（2）kube-system：Kubernetes 系统组件使用。

（3）kube-public：公共资源使用。但实际上现在并不常用。

这个默认（default）的 Namespace 并没什么特别，但不能删除它。这很适合刚刚开始使用 Kubernetes 和一些小的产品系统。但不建议应用于大型生产系统。因为在这种复杂系统中，团队会非常容易意外地或者无意识地重写或者中断其他服务 Service。相反，可以创建多个命名空间来把服务 Service 分割成更容易管理的块。

创建 Namespace 不会降低服务的性能，反而大多情况下会提升工作效率。创建 Namespace 只需一个很简单的命令，例如，要创建一个名为 test 的 Namespace。执行 kubectl create namespace test 命令或者使用 yaml 文件，然后，执行 kubectl apply -f test.yaml 命令。

```
kind: Namespace
  apiVersion: v1
  metadata:
   name: test
  labels:
   name: test
```

查看 namespace：kubectl get namespace，会看到 test 和其他系统默认的命名空间。在 Namespace 中创建资源，以下是一个简单的 Pod YAML 文件。

```
apiVersion: v1
kind: Pod
metadata:
 name: mypod
 labels:
   name: mypod
spec:
 containers:
 - name: mypod
   image: nginx
```

会发现没有提到 Namespace。如果通过命令 kubectl apply 来创建 Pod，它会在当前的命名空间中创建 Pod。这个命名空间就是 defaut，除非更改过。

**2. 管理当前激活的 Namespace**

一开始默认的激活的命名空间是 default。因此，当在其他 Namespace 中创建了资源，那么每次使用 kubectl 命令都要带上 Namespace 将会很麻烦。幸好，kubens 能够解决这个问题。当运行 kubens 命令时，会高亮显示当前的 Namespace，如图 9-4 所示。

要更换到 test 空间，运行 kubens test，如图 9-5 所示。

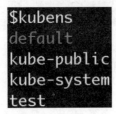　　

图 9-4　高亮显示当前的 Namespace　　　图 9-5　更换到 test 空间

这时，所有的命令会在这个 Namespace 下执行。

```
$ kubectl get pods
NAME      READY   STATUS    RESTARTS   AGE
mypod     1/1     Running   0          10m
```

### 9.3.3　Kubernetes 资源管理

**1. 概念**

默认情况下，Kubernetes 不会限制 Pod 等资源对象使用系统资源，单个 Pod 或者容器可以无限制地使用系统资源。

Kubernetes 的资源管理分为资源请求（request）和资源限制（limit），资源请求能够保证 Pod 有足够的资源来运行，而资源限制则是防止某个 Pod 无限制地使用资源而导致其他 Pod 崩溃。Kubernetes 1.5 之前的版本只支持 CPU 和内存这两种资源类型。

Kubernetes 的资源管理有 3 种方式，分别是单个资源对象的资源管理（以下简称 resource）、limitranges 和 resourcequotas。resource 和 limitranges 既可以单独使用，也可以同时使用，而 resourcequotas 必须配合 resource 或者 limitranges 才能使用。limitranges 和 resourcequotas 是针对于 Namespace 的。

**2. 资源管理对象单一性**

尽量使用 limits 针对容器（更好）或者 Pod 的资源管理，尽量不同时针对容器和 Pod，在一 Pod 多容器情况下，即使有充足系统资源，创建资源对象的失败几率也很高。在 limits 使用的 Namespace 下，最好不要在创建资源时使用 resource。

### 3. 资源管理类型单一性

使用资源限制（limit 或者 max）或者资源请求（request 或者 min），同时使用时，最好保持"资源管理对象单一性"。

### 4. 服务部署单一性

由于 limits 会针对该 Namespace 下的所有 Pod 或者容器，所以在该 Namespace 下尽量部署资源需求相同的服务合理配置。

## 9.3.4 Pod Disruption Budget

在 Kubernetes 中，为了保证业务不中断或业务 SLA 不降级，需要将应用进行集群化部署。通过 PodDisruptionBudget 控制器可以设置应用 Pod 集群处于运行状态最低个数，也可以设置应用 Pod 集群处于运行状态的最低百分比，这样可以保证在主动销毁应用 Pod 时，不会一次性销毁太多的应用 Pod，从而保证业务不中断或业务 SLA 不降级。

在 Kubernetes 1.5 中，kubectl drain 命令已经支持了 PodDisruptionBudget 控制器，在进行 kubectl drain 操作时会根据 PodDisruptionBudget 控制器判断应用 Pod 集群数量，进而保证在业务不中断或业务 SLA 不降级的情况下进行应用 Pod 销毁。

可以看到，从版本 1.7 开始可以通过两个参数来配置 PodDisruptionBudget。

（1）MinAvailable 参数：表示最小可用 Pod 数，表示应用 Pod 集群处于运行状态的最小 Pod 数量，或者是运行状态的 Pod 数同总 Pod 数的最小百分比。

（2）MaxUnavailable 参数：表示最大不可用 Pod 数，表示应用 Pod 集群处于不可用状态的最大 Pod 数，或者是不可用状态的 Pod 数同总 Pod 数的最大百分比。

## 9.3.5 Kubernetes 集群的高可用部署方案

Kubernetes 集群主要有两种类型的节点：Master 和 Worker。

（1）Master：是集群领导，Worker 是工作者节点。可以看出这边主要的工作在 Master 节点。

（2）Worker：节点根据具体需求随意增减即可。

Master 节点的高可用拓扑官方给出了两种方案。Stacked etcd topology（堆叠 etcd）和 External etcd topology（外部 etcd）。可以看出最主要的区别在于 etcd 的部署方式。网络架构拓扑图如图 9-6 所示。

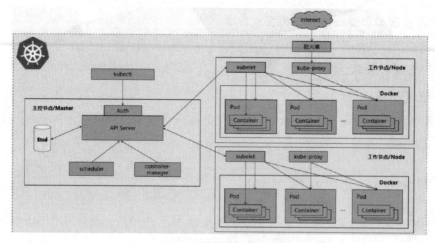

图 9-6　网络架构拓扑图

## 9.3.6　Kubernetes 集群监控和日志管理

Kubernetes 在 Github 上拥有超过 4 万颗星、7 万以上的 commits，以及像 Google 这样的主要贡献者。Kubernetes 可以说已经快速地接管了容器生态系统，成为了容器编排平台中真正的"领头羊"。

### 1. 理解 Kubernetes 和 Abstractions

在基础设施层，Kubernetes 集群好比是一组扮演特定角色的物理或虚拟机器。其中扮演 Master 角色的机器作为全部操作的大脑，并由运行在节点上的编排容器控制。

Master 组件管理 Pod 的生命周期，Pod 是 Kubernetes 集群中部署的基本单元。Pod 完成周期后，Controller 会创建一个新的。如果向上或向下（增加或减少）Pod 副本的数量，Controller 会相应地创建和销毁 Pod 来满足请求。

### 2. Master 角色包含的组件

（1）kube-apiserver：为其他 master 组件提供 APIs。

（2）etcd：具有一致性且高可用的 key/value 存储，用于存储所有内部集群数据。

（3）kube-scheduler：使用 Pod 规范中的信息来确定运行 Pod 的节点。

（4）kube-controller-manager：负责节点管理（检测节点是否失败）、Pod 复制和端点创建。

（5）cloud-controller-manager：运行与底层云提供商交互的 controller。

### 3. 统一日志管理

通过应用和系统日志可以了解 Kubernetes 集群内所发生的事情，对于调试问题和监视集群活动来说日志非常有用。对于大部分的应用来说，都会具有某种日志机制。因此，大多数容器引擎同样被设计成支持某种日志机制。对于容器化应用程序来说，最简单和最易接受的日志记录方法是将日志内容写入到标准输出和标准错误流。

但是，容器引擎或运行时提供的本地功能通常不足以支撑完整的日志记录解决方案。例如，如果一个容器崩溃、一个 Pod 被驱逐或者一个 Node 死亡，应用相关者可能仍然需要访问应用程序的日志。因此，日志应该具有独立于 Node、Pod 或者容器的单独存储和生命周期，这个概念被称为群集级日志记录。群集级日志记录需要一个独立的后端来存储、分析和查询日志。Kubernetes 本身并没有为日志数据提供原生的存储解决方案，但可以将许多现有的日志记录解决方案集成到 Kubernetes 集群中。在 Kubernetes 中，有以下 3 个层次的日志。

1）基础日志

Kubernetes 基础日志即将日志数据输出到标准输出流，可以使用 kubectl logs 命令获取容器日志信息。如果 Pod 中有多个容器，可以通过将容器名称附加到命令来指定要访问哪个容器的日志。例如，在 Kubernetes 集群中的 devops 命名空间下有一个名为 nexus3-f5b7fc55c-hq5v7 的 Pod，就可以通过以下命令获取日志。

```
kubectl logs nexus3-f5b7fc55c-hq5v7 --namespace=devops
```

2）Node 级别的日志

容器化应用写入到 stdout 和 stderr 的所有内容都是由容器引擎处理和重定向的。例如，Docker 容器引擎会将这两个流重定向到日志记录驱动，在 Kubernetes 中该日志驱动被配置为以 JSON 格式写入文件。docker json 日志记录驱动将每一行视为单独的消息。当使用 Docker 日志记录驱动时，并不支持多行消息，因此需要在日志代理级别或更高级别上处理多行消息，如图 9-7 所示。

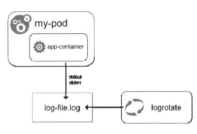

图 9-7 运行流程示意

3）审计日志

Kubernetes 的审计功能提供了与安全相关的按时间顺序排列的记录集，记录单个用户、管理员或系统其他组件影响系统的活动顺序。

能帮助集群管理员处理以下问题。

（1）发生了什么？

（2）什么时候发生的？

（3）谁触发的？

（4）为什么发生？

（5）在哪观察到的？

（6）它从哪触发的？

Kubernetes 的审计功能是通过 kube-apiserver 开启的，具体是主要设置 kube-apiserver 的两个启动参数 audit-policy-file 和 audit-log-path。

如果是 kubeadm 搭建的 Kubernetes 集群，则修改 kube-apiserver 的配置文件 /etc/kubernetes/manifests/kube-apiserver.yaml 即可，如图 9-8 所示。

图 9-8 修改 kube-apiserver 的配置文件

## 9.3.7 使用 Web UI（Dashboard）管理集群

集群概述正在使用的资源和 Kubernetes 组件的状态。在下面的实例中，使用了 78%的 CPU、26%的 RAM 和 11%的最大 Pod 数量。

选择 Nodes 选项卡，可以看到运行在集群上每个节点的附加信息，点击具体节点时，可以看到关于该成员的健康状况，如图 9-9 所示。

图 9-9　健康状况

Workloads 选项卡中显示了运行在集群上的 Pods。如果还没有任何运行的 Pod，先发布一个运行 nginx 镜像的工作负载，把它扩展成多个副本，如图 9-10 所示。

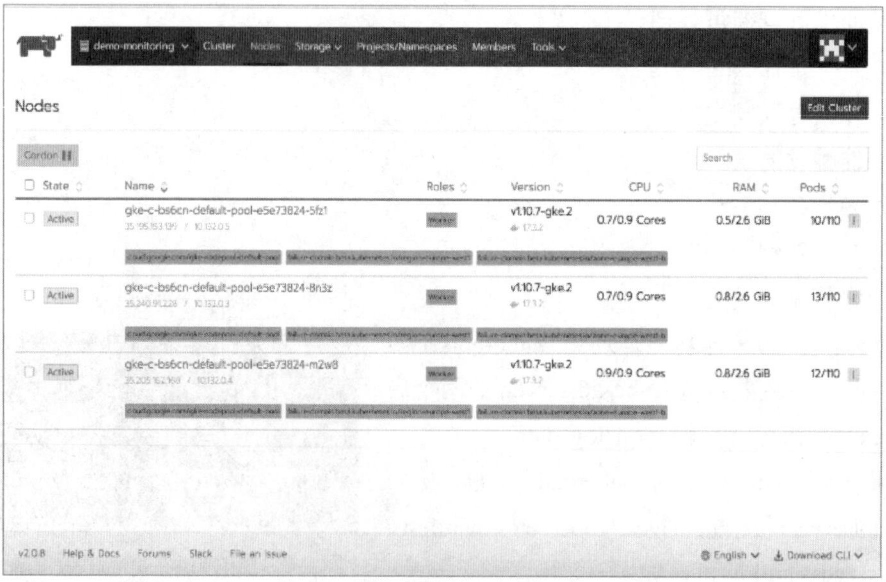

图 9-10　运行在集群上的 Pods

### 9.3.8　Kubernetes 应用包管理工具 Helm

#### 1. Helm

Helm 是 Kubernetes 应用的包管理工具，主要用来管理 Charts，类似 Linux 系统的 yum。Helm Chart 是用来封装 Kubernetes 原生应用程序的一系列 YAML 文件。

可以在部署应用时自定义一些应用程序的 Metadata，以便于应用程序的分发。对于应用发布者而言，可以通过 Helm 打包应用、管理应用依赖关系、管理应用版本并发布应用到软件仓库。对于使用者而言，使用 Helm 后不用再编写复杂的应用部署文件，可以以简单的方式在 Kubernetes 上查找、安装、升级、回滚和卸载应用程序。

#### 2. Helm 的主要概念

（1）Chart。一个 Helm 包，其中包含运行一个应用所需要的所有资源定义和工具，还包含 Kubernetes 集群中的服务定义。

（2）类似于 OS 包管理器。比如 Linux 中的 yum、apt，或者 MacOS 中的 homebrew。

（3）Release。在 Kubernetes 集群上运行一个 chart 实例。在同一个集群上，一个 Chart 可以被安装多次。

（4）Repository。用于存放和共享 Chart 仓库。

## 9.4　故障排除

### 9.4.1　查看系统 Event 事件

当集群中的 Node 或 Pod 异常时，大部分用户会使用 kubectl 查看对应的 Events，那么 Events 是从何而来？

其实 k8s 中的各个组件会将运行时产生的各种事件汇报到 apiserver，对于 k8s 中的可描述资源，使用 kubectl  describe 都可以看到其相关的 Events，那么 k8s 中又有哪几个组件都上报 Events 呢？

只要在 k8s.io/kubernetes/cmd 目录下搜索一下就能知道哪些组件会产生 Events：分析 kubernetes 中的事件机制。

通过 kubectl describe [资源] 命令，可以看到 Event 输出，并且经常依赖 Event 进行问题定位，从 Event 中可以分析整个 Pod 的运行轨迹，为服务的客观测试提供数据来源，由此可见，Event 在 Kubernetes 中起着举足轻重的作用，如图 9-11 所示。

```
Events:
  Type     Reason          Age   From                Message
  ----     ------          ----  ----                -------
  Warning  FailedMount     46m   kubelet, minikube   MountVolume.SetUp failed for volume "default-token-cq4lf" : couldn't propagate object cache: timed ou
t waiting for the condition
  Normal   SandboxChanged  46m   kubelet, minikube   Pod sandbox changed, it will be killed and re-created.
  Normal   Pulling         46m   kubelet, minikube   Pulling image "nginx:latest"
  Normal   Pulled          46m   kubelet, minikube   Successfully pulled image "nginx:latest"
  Normal   Created         46m   kubelet, minikube   Created container nginx
  Normal   Started         46m   kubelet, minikube   Started container nginx
```

图 9-11　Event 输出

## 9.4.2　查看容器日志

若 Pod 处于运行状态，则通过 kubectl logs 查看即可。

```
[root@node-1 ~]# kubectl logs node-exporter-2f5l1 -c node-exporter -n openstack
    time="2019-06-26T01:00:30Z" level=info msg="Starting node_exporter (version=0.15.0, branch=HEAD
    time="2019-06-26T01:00:30Z" level=info msg="Enabled collectors:" source="node_exporter.go:50"
```

若 Pod 处于 init 状态，则需要通过 docker ps 查看。

（1）获取对应的 pod name。

```
[root@node-1 ~]# kubectl get pods -n openstack -o wide | grep node-exporter | grep node-1

node-exporter-2f5l1      5/5    Running    0    3d    10.20.0.4    node-1
```

（2）通过 docker ps 获取该 Pod 中的 CONTAINER ID。

```
[root@node-1 ~]# docker ps | grep node-exporter-2f5l1
ba0c7a3d5c41 hub.easystack.io/production/ipmi-exporter@sha256:46319b571ca73
    0b7df926dd630bff5060e587694a6321e360016c1785840d98b
"/ipmi_exporter" 3 days ago    Up 3 days          k8s_ipmi-exporter_node-exporter-2f5l1_
openstack_18ccaaf8-97ad-11e9-a253-fa163e801c84_0
```

## 9.4.3　查看 Kubernetes 服务日志

将 k8s 上的日志下载到本地，代码如下。

```
# kubectl get pods -n ${命名空间名} -o wide
# kubectl logs ${podID} -n ${命名空间名} > log.txt
```

将服务运行日志保存到本地文件为 log.txt，如图 9-12 所示。

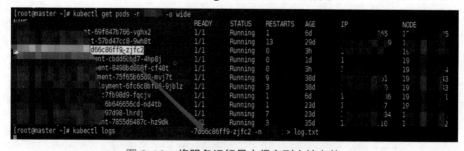

图 9-12　将服务运行日志保存到本地文件

访问 k8s 上的文件，代码如下。

```
# kubectl get pods -n ${命名空间名} -o wide
# kubectl exec -it ${podID} bash -n ${命名空间名}
```

切换到对应服务下的文件夹后，即可执行文件操作命令，如图 9-13 所示。

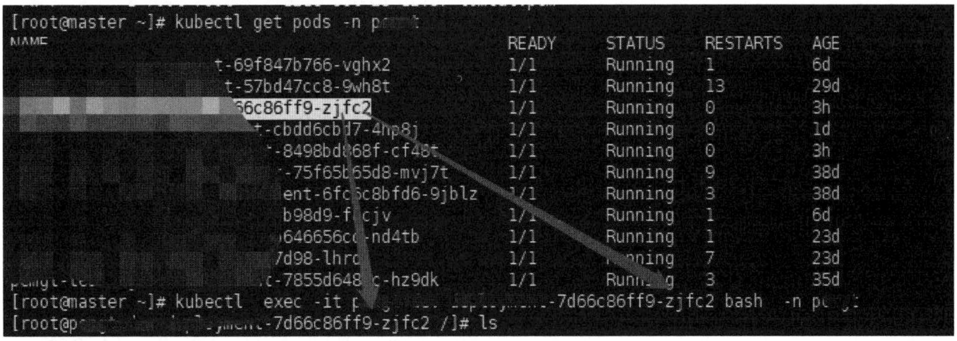

图 9-13 访问 k8s 上的文件

## 9.4.4 常见问题及其解决方案

常见问题 1：Kubernetes 执行 kubectl get nodes 发生问题，代码如下。

```
Unable to connect to the server: x509: certificate signed by unknown authority
(possibly because of "crypto/rsa: verification error" while trying to verify candidate
authority certificate "kubernetes")
```

访问 k8s 上的文件，代码如下。

```
export KUBECONFIG=/etc/kubernetes/admin.conf
```

但是这样会在离开此对话后失效，永久保存需要修改/etc/profile 或.bashrc，可以修改.bashrc。

```
echo export KUBECONFIG=/etc/kubernetes/kubelet.conf >> ~/.bashrc
source ~/.bashrc
```

常见问题 2：Node 节点状态如下。

```
Ready,SchedulingDisabled
```

解决方法，可执行 kubectl uncordon node-name，代码如下。

```
kubectl uncordon node-name s
```